普通高等教育"十二五"规划教材

电 工 学

（少学时）

主　编　吴显金　张晓丽

副主编　姜　霞　刘曼玲

主　审　邹逢兴

U0201757

中国水利水电出版社
www.waterpub.com.cn

内 容 提 要

　　本书是高等学校工程管理类本科专业电工电子基础课程的教材。全书共 5 章，主要内容包括电路基本概念及元器件、电路基本定律及分析方法、正弦交流电路、信号放大与运算电路和数字逻辑电路。

　　本书着眼基础，内容简明，例题计算简单，概念、理论阐述清晰，通俗易懂。同时，书内设有问题引导、思考与讨论，除每章末尾附有本章小结外，需重点掌握的知识另附小结，十分方便教师教学和学生课后学习。为增加学生的阅读兴趣，书中适当穿插电学发展及日常用电知识介绍，增加了教材的趣味性。每章均附有与本章知识紧密联系的应用实例，以提高学生应用知识的能力。

　　本书既可以作为高等工科院校工程管理类专业的电工电子基础课程教材，也可供电气、电子爱好者自学及相关工程人员参考。

图书在版编目（ＣＩＰ）数据

　　电工学 ：少学时 / 吴显金，张晓丽主编. -- 北京 ：
中国水利水电出版社，2014.1（2020.9 重印）
　　普通高等教育"十二五"规划教材
　　ISBN 978-7-5170-1624-3

　　Ⅰ．①电⋯　Ⅱ．①吴⋯　②张⋯　Ⅲ．①电工学－高等
学校－教材　Ⅳ．①TM

　　中国版本图书馆CIP数据核字(2013)第321837号

策划编辑：雷顺加　　　责任编辑：宋俊娥　　　封面设计：李　佳

书　　名	普通高等教育"十二五"规划教材 **电工学（少学时）**
作　　者	主　编　吴显金　张晓丽 副主编　姜　霞　刘曼玲 主　审　邹逢兴
出版发行	中国水利水电出版社 （北京市海淀区玉渊潭南路 1 号 D 座　100038） 网址：www.waterpub.com.cn E-mail: mchannel@263.net（万水） 　　　　　sales@waterpub.com.cn 电话：（010）68367658（发行部）、82562819（万水）
经　　售	北京科水图书销售中心（零售） 电话：（010）88383994、63202643、68545874 全国各地新华书店和相关出版物销售网点
排　　版	北京万水电子信息有限公司
印　　刷	三河市祥宏印务有限公司
规　　格	170mm×227mm　16 开本　12.5 印张　233 千字
版　　次	2014 年 1 月第 1 版　2020 年 9 月第 6 次印刷
印　　数	13001—15000 册
定　　价	22.00 元

普通高等教育"十二五"规划教材

（电工电子课程群改革创新系列）

编审委员会名单

主　任：施荣华　罗桂娥

副主任：张静秋　宋学瑞

成　员：（按姓氏笔画排序）

王力为　刘子建　刘曼玲　吕向阳　寻小惠

吴显金　宋学瑞　张亚鸣　张晓丽　张静秋

李　飞　李力争　李中华　陈　宁　陈明义

陈革辉　罗　群　罗桂娥　罗瑞琼　姜　霞

胡燕瑜　彭卫韶　覃爱娜　谢平凡　赖旭芝

秘　书：雷　皓

主　审：邹逢兴

序

　　电能的开发及其广泛应用成为继蒸汽机的发明之后，近代史上第二次技术革命的核心内容。20 世纪出现的大电力系统构成工业社会传输能量的大动脉，以电、磁、光为载体的信息与控制系统则组成了现代社会的神经网络。各种新兴电工电子材料的开发和应用丰富了现代材料科学的内容，它们既得益于电工电子技术的发展，又为电工电子技术的进步提供物质条件。

　　电工电子技术的迅猛发展和广泛应用，可以说"无所不用，无处不在"，日益渗透到其他科学领域，促进其发展，在我国现代化建设中具有重要的作用。电工电子技术成为每一名工科学生的必修课程。

　　为了满足高校不同专业的学生对电工电子技术知识和技能的不同要求，在共性和差异之间找到平衡点，经过多年的探索，中南大学电工电子教学与实验中心构建了一套"多类别模块化组合式"的电工电子系列课程体系。根据中南大学课程群建设的总体规划，并结合现代电工电子技术发展的趋势与当今电工电子的应用环境，我们与中国水利水电出版社合作出版电工电子系列教材。计划首次出版 10 本，包括理论教材和实践教材两类。

　　理论教材按照不同专业分 4 个层次共 7 本：

　　电气信息类：电路理论，模拟电子技术，数字电子技术；

　　机制能动类：电工技术，电子技术；

　　材料化工类：电工学（多学时）；

　　工程管理类：电工学（少学时）。

　　实践教材按照不同教学环节共 3 本：

　　电路与电子技术实验教程；

　　电子技术课程设计教程；

　　电工电子实习教程。

　　本系列教材的特色可以归纳为以下几点：

　　1. 对于相同的教学内容，不同层次的理论教材中，教学深度、广度和表述方法不同，以期符合不同的教学要求，满足对不同专业学生的教学需要。

　　2. 注重基础知识的提炼与更新，注重工程性内容的引入，让学生既有扎实的理论基础，又能联系实际，培养学生的工程概念和能力。

　　3. 紧跟科技发展的步伐，注重教学内容的关联性和完整性。具体体现在降低教学难度，注重介绍基本内容、基本方法和典型应用电路，尤其是集成电路的应用。

4. 引入仿真工具，对常用基本电路进行仿真分析，建立理论与实践沟通的桥梁。减少重要结论的推导和证明，将学生的注意力吸引到对电路结构的认识、元件参数的选择、性能指标的测试和实际制作上来。

目前我国高校的教育和教学模式还有赖于改革和完善，各专业的培养方案和课程建设也还在不断地探索中。本系列教材在满足本校教学要求的同时，也希望得到广大师生的批评、建议和鼓励。

中南大学电工电子课程群改革创新系列教材编委会
2013 年 12 月 18 日

前　　言

　　《电工学》（少学时）是高等学校工程管理类专业电工电子技术基础课程。本书是该课程所使用的配套教材，适用学时数在 40 学时左右。通过本课程的学习，学生在掌握电工电子技术方面的基本概念、基本理论、基本知识和基本技能的同时，还能熟悉其应用和发展，从而拓宽视野、开阔思维，提高能力，为从事相关工程技术管理工作奠定基础。

　　针对工程管理类专业对于电工电子技术方面的知识需求，本教材在编写过程中主要着眼于基础，注重基本概念及理论知识，突出应用，减少计算，立足于教材的可读性、实用性和趣味性。本教材的主要特点在于：

　　（1）教材编写时避免复杂公式推导，简化公式推导过程。减少教材中例题和习题计算的复杂程度，且计算是为了更加清楚地说明概念、定理的内容，减少学生学习的畏难情绪，使学生更容易理解和掌握所学知识。适当加入跟教材内容密切相关的电工电子技术发展趋势的介绍，增加教材的可读性和趣味性。

　　（2）注意与日常用电结合，注重实用性。在介绍交流电时，对日常生活中应用较多的三相四线制作了重点介绍，略去了应用范围较少的三相电源和负载的三角形接法。同时，在辅修内容中加入与生活密切相关的家庭供电的介绍，包括家庭用电负荷估算、电路的组成、节电等知识的介绍，以符合现代社会提倡的低碳、环保、节能的理念。

　　（3）从应用角度考虑，对于元器件主要介绍其伏安特性等外部物理特性。如二极管只介绍其单向导通特性；触发器则介绍其特性表及触发方式，不涉及传统课程讲解中的内部结构电路。

　　（4）每一章都加入与本章所学内容紧密相关的应用电路实例，在提高学生学习兴趣的同时，也使学生觉得学之有用。

　　（5）每一章都含有辅修内容，其内容为与本章有紧密联系并且应用较为广泛的知识点。辅修内容部分可以方便学有余力的学生自学，也方便教师教学时根据学时的多少自行决定对教学内容进行增补或删减。

　　（6）教材编排时增加了问题引导、思考与讨论。除在每章末尾附有本章小结外，在需重点掌握知识处另附小结，方便教师教学的同时还可以帮助学生课后学习和思考。

　　本书共分 5 章。第 1 章为电路基本概念及元器件，介绍电路的基本概念及常用元器件；第 2 章为电路基本定律及分析方法，介绍基尔霍夫定律、支路电流法、叠加定理和戴维宁定理；第 3 章为正弦交流电路，介绍正弦交流电路的基本概念、三相四线制供电系统和交流电路的功率；第 4 章为信号放大与运算电路，介绍单管共射放大电路和常见的运算放大电路；第 5 章为数字逻辑电路，介绍逻辑函数基础、组合逻辑电路分析和时序逻辑电路分析。

本书由吴显金、张晓丽任主编，姜霞、刘曼玲任副主编。其中，张晓丽负责第 1 章 1.1～1.4 节，第 2 章 2.1～2.4、2.6 节的编写；吴显金负责第 1 章 1.8 节，第 2 章 2.5 节，第 3 章的编写；姜霞负责第 1 章 1.5、1.6、1.9 节，第 4 章的编写；刘曼玲负责第 1 章 1.7 节，第 5 章的编写。全书最后由吴显金统稿和定稿。

本书在编写过程中，得到了中南大学电工电子教学与实验中心诸多老师的关心、支持与帮助，特别是罗桂娥老师、宋学瑞老师、张静秋老师不辞辛劳多次审阅了本书的编写提纲和书稿，并提出了许多宝贵的意见。刘子建老师、胡燕瑜老师、张亚鸣老师、谢平凡老师和罗瑞琼老师也提出了许多有益的建议，在此表示诚挚的谢意。

国防科技大学邹逢兴教授担任本书的主审，邹教授在百忙之中精心审阅了全部书稿，提出了许多宝贵意见，对完善和提高教材质量起到了重要作用，在此向邹教授表示深深的谢意。

最后，由于编者水平有限，书中不妥和错误之处在所难免，殷切期望读者批评指正！

编　者

2013 年 12 月于中南大学

目　　录

序

前言

第 1 章　电路基本概念及元器件 ………………………………………………… 1

　1.1　电路概述 ……………………………………………………………………… 1

　　1.1.1　电路的组成与作用 ………………………………………………………… 2

　　1.1.2　电路模型 …………………………………………………………………… 3

　　1.1.3　电路的基本状态 …………………………………………………………… 4

　1.2　电路的基本物理量 …………………………………………………………… 6

　　1.2.1　电流及其参考方向 ………………………………………………………… 7

　　1.2.2　电压及其参考方向 ………………………………………………………… 7

　　1.2.3　电功率和电能量 …………………………………………………………… 9

　1.3　无源元件 ……………………………………………………………………… 11

　　1.3.1　电阻元件 …………………………………………………………………… 11

　　1.3.2　电容元件 …………………………………………………………………… 14

　　1.3.3　电感元件 …………………………………………………………………… 16

　1.4　有源元件 ……………………………………………………………………… 19

　　1.4.1　理想电压源 ………………………………………………………………… 19

　　1.4.2　理想电流源 ………………………………………………………………… 21

　　1.4.3　受控源 ……………………………………………………………………… 22

　1.5　半导体器件 …………………………………………………………………… 24

　　1.5.1　半导体基础知识 …………………………………………………………… 24

　　1.5.2　半导体二极管 ……………………………………………………………… 26

　　1.5.3　双极型晶体管 ……………………………………………………………… 31

　1.6　集成运算放大器 ……………………………………………………………… 37

　　1.6.1　集成电路基础知识 ………………………………………………………… 37

　　1.6.2　理想的运算放大器 ………………………………………………………… 39

　1.7　集成逻辑门电路 ……………………………………………………………… 42

　　1.7.1　基本逻辑运算及其门电路 ………………………………………………… 42

　　1.7.2　复合逻辑运算及其门电路 ………………………………………………… 46

1.8 应用实例：直流稳压电源 ··· 47

1.9 辅修内容 ··· 50

   1.9.1 发光二极管 ·· 50

   1.9.2 光电二极管 ·· 51

   1.9.3 光电三极管 ·· 52

   1.9.4 光电耦合器 ·· 52

本章小结 ··· 53

习题一 ··· 55

第2章 电路基本定律及分析方法 ·· 60

2.1 基尔霍夫定律 ··· 60

   2.1.1 基尔霍夫电流定律 ·· 61

   2.1.2 基尔霍夫电压定律 ·· 62

2.2 支路电流法 ·· 64

2.3 叠加定理 ··· 65

2.4 戴维宁定理 ·· 68

2.5 应用实例：惠斯登电桥测温电路 ··· 71

2.6 辅修内容 ··· 73

   2.6.1 结点电压法 ·· 73

   2.6.2 弥尔曼定理 ·· 74

本章小结 ··· 75

习题二 ··· 76

第3章 正弦交流电路 ·· 79

3.1 正弦交流电路的基本概念 ·· 79

   3.1.1 正弦量的三要素 ·· 80

   3.1.2 正弦量的相量表示 ·· 81

   3.1.3 阻抗 ··· 85

3.2 三相四线制供电系统 ·· 86

   3.2.1 三相四线制供电电路 ··· 86

   3.2.2 三相电路负载的连接 ··· 89

3.3 交流电路的功率 ·· 93

   3.3.1 单相交流电路功率 ·· 93

   3.3.2 三相交流电路功率 ·· 95

3.4 应用实例：漏电保护器的工作原理 ··· 96

3.5 辅修内容 ··· 97

3.5.1　家庭用电负荷 ···97

3.5.2　家庭配电线路设计 ···98

3.5.3　家庭用电安全 ···100

3.5.4　家庭节约用电 ···102

本章小结 ··103

习题三 ··104

第4章　信号放大与运算电路 ···106

4.1　共发射极放大电路 ···106

4.1.1　共发射极放大电路的工作原理 ·······························106

4.1.2　共发射极放大电路的静态分析 ·······························109

4.1.3　共发射极放大电路的动态分析 ·······························110

4.2　运算放大电路 ···117

4.2.1　比例运算电路 ···118

4.2.2　求和运算电路 ···121

4.3　应用实例 ··124

4.3.1　简单运放混音器 ···124

4.3.2　触摸延时照明开关 ···125

4.4　辅修内容 ··126

4.4.1　多级放大电路 ···126

4.4.2　差分放大电路 ···128

本章小结 ··130

习题四 ··131

第5章　数字逻辑电路 ··136

5.1　逻辑函数基础 ···136

5.1.1　逻辑函数的表示方法 ··136

5.1.2　逻辑函数的化简 ···138

5.2　组合逻辑电路的分析 ···140

5.2.1　组合逻辑电路的分析方法 ·······································140

5.2.2　常见中规模组合逻辑器件 ·······································141

5.3　时序逻辑电路的分析 ···154

5.3.1　触发器 ···154

5.3.2　数码寄存器 ···162

5.3.3　计数器 ···164

5.4　应用实例 ···172

　　5.4.1　产品分类电路 ·· 172

　　5.4.2　彩灯控制电路 ·· 174

　5.5　辅修内容 ··· 175

　　5.5.1　555 定时器的电路结构及工作原理 ·································· 175

　　5.5.2　555 定时器构成的多谐振荡器 ··· 176

　本章小结 ·· 178

　习题五 ·· 179

附录　基本逻辑门电路图形符号 ·· 183

部分习题答案 ··· 184

参考文献 ·· 187

第1章　电路基本概念及元器件

内容提要

　　本章首先介绍电路的基本概念，电路模型、电路的基本物理量，电压、电流的参考方向，然后介绍电路的元器件，研究其特性及其在电路中所起的作用。

1.1　电路概述

　　现代生活中电是不可缺少的，电能已被广泛应用于动力、照明、冶金、化学、纺织、通信、广播等各个领域，它是科学技术发展、国民经济飞跃的主要动力。电能来源于其他形式的能量（如水能、原子能、风能、化学能等），也可以转换成其他能量形式，能以有线或无线的形式作远距离的传输，这些功能都是由电路完成的。

　　电路，简单地说就是电流流通的路径。包括电子电路在内的各种电路都是由各种元件和各种器件组成的。电路元件通常指电路中的无源元件（Passive component），电阻（Resistance）、电容（Capacitance）、电感（Inductance）是三种基本的无源元件。具有单向导通特性的二极管（Diode）、具有放大功能的晶体管（Transistor）等往往称为电子器件。在半导体芯片上集成多个元件的集成电路，由于所有元件在结构上已组成一个整体，因此通常也把集成电路称为器件。

　　近年来出现了一种新型的电路元件——忆阻器（Memristor）。1971 年美国华裔科学家蔡少棠（Chua）在研究如图 1-1 所示的电学四个基本变量 V, I, q, Φ（电压、电流、电荷、磁通量）之间两两组合成的六种关系时，发现其中只有 Φ，q 之间的关系在电学中无定义，据此从理论上提出了忆阻器的概念，其数学表达式如下

$$M(q) = \frac{\mathrm{d}\Phi}{\mathrm{d}q}$$

其中 $M(q)$ 为忆阻值，具有电阻的量纲，它与曾流过的电荷量相关。在撤掉电压（电流）后，忆阻器能将忆阻值一直保持下去，具有非易失特性，因此忆阻器是一类具有电阻记忆行为的非线性电路元件，被认为是除电阻、电容、电感外的第四个

基本电路元件。2008 年由惠普（HP）公司宣布成功研制出了固态的忆阻器，验证了忆阻器的存在。忆阻器的出现不仅丰富了现有的电路元件类型，而且与其他电子器件可以构成新型的混合电路，用以实现以前难以实现的功能，如依赖其记忆性能的高密度非易失性存储器，对生物记忆行为的电路仿真等。

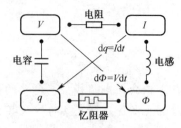

图 1-1　四个电量的关系及对应转换元件

1.1.1　电路的组成与作用

由于电路功能不同，实际电路千差万别，如日常所见的洗衣机、电视机、计算机、通信系统和电力网络等。虽然电路的结构形式和所能完成的任务是多种多样的，但根据功能的不同可将电路分为两大类。

1. 实现电能的传输、分配与转换

在图 1-2 所示的电力系统中，发电机将其他形式的能量转换为电能，通过变压器（Transformers）、传输线及其他控制部件传输、分配给用电设备（如电炉、电动机等），再转换为其他形式的能量。

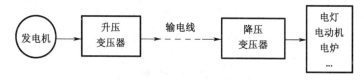

图 1-2　电力系统电路示意图

2. 实现信号的传递与处理

如图 1-3 所示的电子电路扩音机中，话筒将声音转换为电信号，通过放大器放大等处理后传递给扬声器，再将电信号转换为声音。

图 1-3　扩音机电路示意图

　　一个完整的电路要有三个基本组成部分。第一个组成部分是电源或信号源，它是产生电能或信号的设备，工作时将其他形式的能量（如机械能、光能、声能等）转换成电能或电信号，如图 1-2 中的发电机（电源）和图 1-3 中的话筒（信号源）；第二个组成部分是负载，它是用电设备，是消耗电能的装置，工作时将电能转换成其他形式的能量（如光能、机械能、热能、声能等），如图 1-2 中的电灯、电动机和图 1-3 中的扬声器；第三个组成部分是电源与负载之间的连接部分，这部分除连接导线外，还可能有控制、保护电源用的开关和熔断器等，如图 1-2 中的变压器和图 1-3 中的放大器。

　　不论电能的传输和转换，或信号的传递和处理，其中电源或信号源的电压或电流称为激励，它推动电路工作；由激励在电路各部分产生的电压或电流称为响应。

1.1.2　电路模型

　　电阻、电容、线圈、变压器、晶体管、运算放大器（Operational Amplifier）、传输线、电池、发电机和信号发生器等一些实际电气设备和器件按一定方式连接，可以构成实际电路。实际电路器件的电磁性质较为复杂。如白炽灯，它除具有消耗电能的性质（电阻性）外，当通有电流时还会产生磁场，也就是说它还具有电感性。但电感性微小，可忽略不计，于是可认为白炽灯是一电阻元件。

　　为了便于对实际电路进行分析和用数学描述，将实际元件理想化，即在一定条件下突出其主要的电磁性质，而忽略其次要的因素，把它近似地看作理想电路元件（理想电路元件是具有某种确定的电磁性质并具有精确数学定义的基本结构）。由一些理想电路元件所组成的电路，就是实际电路的电路模型，它是对实际电路电磁性质的科学抽象和概括。在理想电路元件中主要有电阻元件、电感元件、电容元件和电源元件等。例如图 1-4（a）所示电路的干电池可用一个电阻元件和一个电压源元件的组合构成，灯泡可用电阻元件替代，则它的电路模型如图 1-4（b）所示。

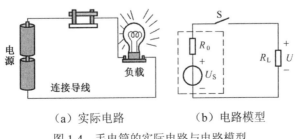

（a）实际电路　　　　　（b）电路模型

图 1-4　手电筒的实际电路与电路模型

本书所涉及的电路都是指由理想电路元件构成的电路模型。在电路图中，各种电路元件用国家规定的图形符号表示。

1.1.3　电路的基本状态

电路在不同的工作条件下会处于不同的状态，并具有不同的特点。电路的状态主要有三种。下面以直流电路为例具体讨论这三种不同的基本状态。

1. 通路状态

简单直流电路如图 1-5 所示，其中，由电动势为 E 的理想电源和电阻 R_0 串联表示实际电源，R_L 表示负载电阻。

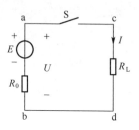

图 1-5　简单直流电路

若开关闭合，就会有电流 I 通过负载，电路处于通路状态（又称电源有载状态）。此时，电路中的电流为

$$I = \frac{E}{R_0 + R_L}$$

电源的端电压为

$$U = E - R_0 I \tag{1-1}$$

式（1-1）表明了电源的端电压与其电流的关系，即电源的端电压等于电源的电动势 E 与其内阻 R_0 上的电压降之差。当电流 I 增加时，电源的端电压 U 将随之有所下降。若用曲线表示，则称此曲线为电源的伏安特性或电源的外特性，如图 1-6 所示，其斜率与电源内阻有关。电源内阻一般很小。当 $R_0 \ll R_L$ 时，则

$$U \approx E \tag{1-2}$$

式（1-2）表明，当电流（负载）变动时，电源的端电压变动不大，这说明它带负载能力强。

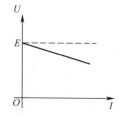

图 1-6　电源的外特性曲线

图 1-5 中，由 $U = E - R_0 I$ 得

$$UI = EI - R_0 I^2$$

即
$$P = P_{\mathrm{E}} - P_{\mathrm{R0}} \tag{1-3}$$
$$P_{\mathrm{E}} = P + P_{\mathrm{R0}}$$

式（1-3）称为功率平衡方程式，其中 $P_{\mathrm{E}} = EI$ 为电源产生的功率，$P = UI$ 为电源提供给负载的功率，$P_{\mathrm{R0}} = I^2 R_0$ 为内阻损耗的功率，表明电源产生的功率中一部分输送给负载，而另一部分则消耗在电源内阻上。

电路处于通路状态时，一般认为电源电动势的大小不变，但电源产生的功率及输出的电压、电流和功率会因负载的变化而变化。为了表明电气设备的工作能力与正常工作条件，在电气设备铭牌上标有额定电流（I_{N}）、额定电压（U_{N}）和额定功率（P_{N}）等额定值。额定值是根据绝缘材料在正常寿命下的允许温升，考虑电气设备在长期连续运行或规定的工作状态下允许的最大值，同时兼顾可靠性、经济效益等因素规定的电气设备的最佳工作状态。

在使用电气设备时，应严格遵守额定值的规定。如果电流超过额定值过多或时间过长，由于导线发热、温度过高会引起电气设备绝缘材料损坏，严重时，绝缘材料也可能被击穿。当设备在低于额定值下工作，不仅其工作能力没有得到充分利用，而且设备不能正常工作，甚至损坏设备。例如，一只白炽灯的额定电压为 220V，额定功率为 60W，这表示该灯泡在正常使用时应把它接在 220V 的电源上，此时它的功率为 60W，并能保证正常的使用寿命，而不能把它接在 380V 的电源上。另外，电气设备铭牌上标出的额定值不一定是设备的实际输出值，如某直流发电机的铭牌上标有 2.5kW、220V、10.9A，这些都是额定值，发电机实际工作时的电流和发出的功率取决于负载当时的工作情况。一般情况下电气设备有三种运行状态，即额定工作状态，此时 $I = I_{\mathrm{N}}$，$P = P_{\mathrm{N}}$，电路处于经济、合理和安全可靠的运行状态；过载（超载）状态，此时 $I > I_{\mathrm{N}}$，$P > P_{\mathrm{N}}$，超出了允许的安全运行条件，会降低设备、元器件的使用寿命甚至导致其损坏，或造成安全性事故；欠载（轻载）状态，此时 $I < I_{\mathrm{N}}$，$P < P_{\mathrm{N}}$，一般不会超出安全条件，但是经济上不是最合理、优化的，运行性能较差，容易造成浪费。

2. 开路状态

开路状态又称断路状态。在图 1-5 所示电路中，当开关断开时，电源处于开路状态（又称电源空载）。此时，$I = 0$，电流为零；$U = U_0 = E$，电源的端电压即开路电压 U_0 等于电源的电动势 E；$P = 0$，负载功率为零。

对于如图 1-7 所示的其他电路，如电路中某处断开，则在开路处具有以下特征：

（1）开路处的电流等于零，即 $I = 0$；

图 1-7　电路某处开路状态

（2）开路电压 U 视有源电路的情况而定。

3. 短路状态

在图 1-5 所示的电路中，当电源的两端由于某种原因而连在一起时，电源就处于短路状态，如图 1-8 所示。

显然此时 $I = I_{SC} = E/R_0$，短路电流很大；$U = 0$，电源端电压为零；$P = 0$，负载功率为零；$P_E = I^2 R_0$，电源产生的能量全被内阻消耗掉。由于电源内阻很小，所以电源短路时将产生很大的短路电流，远远超过电源和导线的额定电流，如不及时切断，将会产生过热而使电源、导线以及仪器、仪表等设备损坏。

通常情况下，如图 1-9 所示的电路中某处短路时，具有以下特征：

（1）短路处的电压为零，即 $U = 0$；

（2）短路处的电流 I 视有源电路的情况而定。

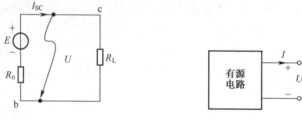

图 1-8　电源短路状态　　　　　图 1-9　电路某处短路状态

为了防止短路引起事故，通常在电路中接入熔断器（Fuse）或断路器，一旦发生短路事故，它能迅速自动切断电路。不过，有时为了某种需要，将电路的某一部分人为地短接，但这与电源短路是两回事。

1.2　电路的基本物理量

在电路分析中常涉及到的基本物理量有电流、电压、电功率和电能等。

【问题引导】在图 1-10 的电路中，如何判断流过电阻 R 的电流方向？

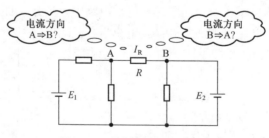

图 1-10　多个电源组成的电路

1.2.1　电流及其参考方向

1. 电流的定义

电流又称为电流强度，是由带电粒子（电荷）作有规则的定向运动形成的，在数值上等于单位时间内通过导体任一横截面的电荷量，用符号 i 表示，即

$$i = \frac{\mathrm{d}q}{\mathrm{d}t}$$

若电流的大小和方向不随时间变化，则这种电流叫做恒定电流，也称为直流电流。直流电流用大写字母 I 表示。若电流的大小和方向都随时间变化，则称为交流电流。交流电流用小写字母 i 表示。

在国际单位制中，电流的单位是安培，简称安（A）。计量微小电流时，常以毫安（mA）或微安（μA）为单位，它们之间的关系为

$$1\mathrm{A} = 10^3\mathrm{mA} = 10^6\,\mathrm{\mu A}$$

2. 电流的参考方向

习惯上把正电荷的运动方向规定为电流的实际方向。但在电路分析中，电路中电流的实际方向有时难以预先判断，尤其是交流电流的实际方向不断变化，因此引入电流参考方向。所谓电流的参考方向就是任意选定某一方向作为电路中电流的方向，它不一定与电流的实际方向一致。

电流参考方向的表示方法有两种，一种方法是用箭头，如图 1-11（a）所示；另一种方法是用双下标，例如，i_{AB} 表示参考方向由 A 到 B，如图 1-11（b）所示。

（a）箭头表示法　　　　　　（b）双下标表示法

图 1-11　电流的参考方向

根据电流参考方向的定义，若计算出的电流为正值时，则该电流的参考方向与实际方向一致；反之，若计算出的电流为负值时，则该电流的参考方向与实际方向相反。这样，可利用电流的正负值结合参考方向来表明电流的实际方向，例如 $i = -2\mathrm{A}$，表示电流大小为 2A，并且其实际电流方向与参考方向相反。

在分析电路时，一般可任意假设电流的参考方向，并以此为基准进行分析、计算，从最后答案的正、负值来确定电流的实际方向。在未标示电流的参考方向的情况下，电流的正负是毫无意义的。

1.2.2　电压及其参考方向

当电荷在电路中运动时，电场力将对这些电荷做功，为了表明电场力做功的

能力，引入了电压这一物理量，它是电场力做功本领的量度。

1. 电压的定义

电路中任意两点 A、B 之间的电压在数值上等于电场力将单位正电荷由 A 点移动到 B 点所做的功，用符号 u 表示，即

$$u = \frac{dw}{dq}$$

式中，w 为电场力将电荷由 A 点移动到 B 点所做的功，其单位为焦耳（J）；q 为由 A 点移动到 B 点的电荷量，单位为库仑（C）。

若电压的大小和方向不随时间变化，则这种电压称为恒定电压或直流电压。直流电压用大写字母 U 表示。若电压的大小和方向都随时间变化，则称为交流电压。交流电压用小写字母 u 表示。

在国际单位制中，电压单位为伏特，简称伏（V），也可用千伏（kV）、毫伏（mV）或微伏（μV）表示，它们之间的关系为：

$$1kV = 10^3 V$$

$$1V = 10^3 mV = 10^6 \mu V$$

电路中某一点到参考点之间的电压称为该点的电位，参考点也称为零电位点，在实际中常取大地或公共地线为零电位点。

电路中任意两点间的电压在数值上也等于这两点的电位之差。

2. 电压的参考方向

习惯上把高电位端指向低电位端的方向规定为电压的实际方向。在电路分析中，同样由于电路的复杂性，难以判断出电路中电压的实际方向。为了便于分析电路，常任意选定某一方向作为电压的参考方向。电压的参考方向不一定与电压的实际方向一致。

电压参考方向的表示方法有三种，第一种是用箭头表示，如图 1-12（a）所示；第二种是用双下标表示，例如，u_{AB} 表示 A 点电位高于 B 点电位，如图 1-12（b）所示；第三种是用正负极性符号"+"和"–"来表示，"+"号表示高电位，"–"号表示低电位，如图 1-12（c）所示。

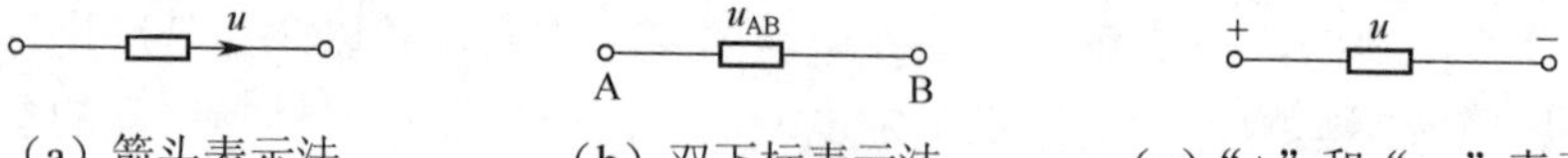

（a）箭头表示法　　　　（b）双下标表示法　　　　（c）"+"和"−"表示法

图 1-12　电压的参考方向

根据电压参考方向的定义，若计算出的电压为正值时，则该电压的参考方向与实际方向一致；反之，若计算出的电压为负值时，则该电压的参考方向与实际

方向相反。

3. 关联参考方向

在分析电路时，既要假定流过元件的电流方向，又要假定元件两端之间的电压方向，当同一元件的电压和电流参考方向一致时，称为关联参考方向，如图 1-13（a）所示；反之，为非关联参考方向，如图 1-13（b）所示。在电路分析与计算时，为了方便，通常假设电压和电流为关联参考方向。

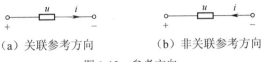

（a）关联参考方向　　　　　　（b）非关联参考方向

图 1-13　参考方向

1.2.3　电功率和电能量

在电路分析中，虽然电压和电流是分析电路的两个重要参数，但是它们不足以表达电路的各种性质。在电路中，总是伴随着电能与其他形式能量的转换，各种电气设备、电路部件本身都有功率的限制，在使用时要注意其电流值或电压值是否超过额定值，过载会使设备、部件损坏或不能正常工作。因此，电功率和电能是分析电路的另外两个重要参数。

1. 电功率

电功率简称为功率，是指单位时间内电场力所做的功，它是表征电路中电能量转换速率的物理量。常用字母 p 表示。即

$$p = \frac{\mathrm{d}w}{\mathrm{d}t} \tag{1-4}$$

在国际单位制中，功率的单位为瓦特，简称为瓦（W）。

在电路分析中，常用电压和电流来计算功率，由于 $u = \mathrm{d}w/\mathrm{d}q$、$i = \mathrm{d}q/\mathrm{d}t$，将它们代入式（1-4），可得

$$p = ui \tag{1-5}$$

可见，元件吸收或发出的功率等于元件电压和电流的乘积。如果电压和电流随时间变化，那么功率是一个时变函数，式（1-5）表达的功率就是瞬时功率。

根据电压和电流参考方向的定义，可知电压和电流可能为正，也可能为负，因此，功率也就可正可负。

当元件的电压和电流参考方向为关联参考方向时，$p = ui$ 表示的是元件吸收功率，当 $p > 0$ 时，元件实际吸收功率，在电路中消耗能量，相当于负载；当 $p < 0$ 时，元件实际吸收负功率，相当于元件在电路中发出功率，此时，元件在电路中相当于

电源，向外提供能量。

当元件的电压和电流参考方向为非关联参考方向时，$p = ui$ 表示的是元件发出功率，当 $p > 0$ 时，元件实际发出功率，向电路提供能量，在电路中起电源作用；当 $p < 0$ 时，元件实际发出负功率，相当于元件在电路中吸收功率，此时，元件相当于负载，在电路中消耗能量。

例 1-1　在图 1-14 所示电路中，已知 $U_1 = 1V$，$U_2 = -6V$，$U_3 = -4V$，$U_4 = 5V$，$U_5 = -10V$，$I_1 = 1A$，$I_2 = -3A$，$I_3 = 4A$，$I_4 = -1A$，$I_5 = -3A$。试求：各二端元件吸收或向外发出的功率。

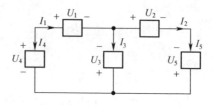

图 1-14　例 1-1 的图

解　元件 1、2、4 为关联参考方向，有

$$P_1 = U_1 I_1 = (1V) \times (1A) = 1W \quad （吸收功率，负载）$$
$$P_2 = U_2 I_2 = (-6V) \times (-3A) = 18W \quad （吸收功率，负载）$$
$$P_4 = U_4 I_4 = (5V) \times (-1A) = -5W \quad （发出功率，电源）$$

元件 3、5 为非关联参考方向，有

$$P_3 = U_3 I_3 = (-4V) \times (4A) = -16W \quad （吸收功率，负载）$$
$$P_5 = U_5 I_5 = (-10V) \times (-3A) = 30W \quad （发出功率，电源）$$

由例 1-1 可以看出，整个电路的功率是守恒的，即有

$$P_1 + P_2 + P_4 = P_3 + P_5$$
$$P_{吸} = P_{发}$$

2. 电能量

电能量是指在一定时间内所吸收或发出功率的总量，用字母 w 表示。元件从 t_0 到 t 时间内吸收或发出的能量，可以根据电压的定义求得

$$w = \int_{t_0}^{t} u \mathrm{d}q \tag{1-6}$$

由于 $i = \mathrm{d}q / \mathrm{d}t$，把它代入式（1-6），可得

$$w = \int_{t_0}^{t} ui \mathrm{d}\xi = \int_{t_0}^{t} p \mathrm{d}\xi$$

式中 u 和 i 都是时间函数，因此，能量也是时间函数。

在直流电路中，电压和电流均不随时间变化，有 $P = UI$，则在一段时间 t 内

转换的电能为

$$W = Pt = UIt$$

在国际单位制中，电能的单位为焦耳，简称为焦（J）。工程上，因为电力公司所配给的能量值都比较大，所以常采用的电能单位是千瓦·小时（kW·h）。当功率为 1 千瓦时，在 1 小时内所消耗的能量就为 1 千瓦·小时，即 1 度，它与焦的换算关系为 1 度 $= 3.6 \times 10^6$J。

例如，有一电暖器的功率为 800W，表明其每小时消耗 0.8 度的电能。如果电暖器工作了 5 个小时，则它所用掉的电能量是

$$5 \times 0.8 \text{ 度} = 4 \text{ 度}$$

📄**电路的基本物理量小结：**

　＊在电路分析和计算时，常需要知道电压或电流的方向。在不知道电压和电流实际方向时，可以假定电压或电流的方向。假定的方向称为参考方向。

　＊对于某一元件，如果电压与电流的参考方向相同，称为关联参考方向；如果不相同，则称为非关联参考方向。

　＊对于某一元件，关联参考方向下，如果 $P > 0$，则该元件吸收功率，消耗电能，起负载作用；如果 $P < 0$，则该元件发出功率，提供电能，起电源作用。非关联参考方向下，如果 $P > 0$，则该元件发出功率，提供电能，起电源作用；如果 $P < 0$，则该元件吸收功率，消耗电能，起负载作用。

1.3　无源元件

电路元件（理想线性元件）是电路中最基本的组成单元，每一个元件都有唯一确定的电磁性质和电路符号。电路元件按其工作时是否能向电路提供电能，可分为有源元件（Active component）和无源元件两种；按其与外部连接的端子数目，可分为二端、三端、四端元件等。本节主要介绍本书在电路分析中所用到的无源二端元件，如电阻、电容和电感元件。

1.3.1　电阻元件

电阻元件是反映消耗电能这一电磁特性的电路元件，如电阻器、灯泡和电烙铁等在一定条件下都可以看作为电阻元件。线性电阻元件（简称为电阻元件）的图形符号如图 1-15 所示。

在电压和电流取关联参考方向的情况下，在任何时刻，电阻端电压和通过的电流之间的关系遵循欧姆定律，即

$$u = iR$$

式中 R 为电阻元件的参数，称为元件的电阻。线性电阻元件的 R 是一个正实常数。在国际单位制中，当电压单位为伏特（V），电流单位为安培（A）时，电阻的单位为欧姆（Ω）。

欧姆定律体现了电阻对电流有阻碍作用。电流要通过，就必然要消耗能量，因此，沿电流流动方向就必然会出现电压降，且电压降的大小为电流与电阻的乘积。

如果电阻的电压和电流为非关联参考方向，则

$$u = -Ri$$

1. 电阻元件的伏安特性曲线

描述电压与电流之间关系的特性称为伏安特性。在平面直角坐标系中，如果以电压为纵坐标，电流为横坐标，则线性电阻的伏安特性可以用一条通过原点的直线来描述，如图 1-16 所示。

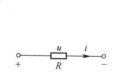

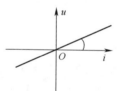

图 1-15　电阻元件的符号　　　　图 1-16　线性电阻的伏安特性

电阻元件的电压与电流总是同时存在的，即在任何时刻的电流总是由同一时刻的电压所决定的。因此，电阻元件是一个"无记忆"元件，也就是电阻过去的电压或电流值对现在的电压或电流值没有任何影响。

对于非线性电阻而言，电阻的阻值是一个非实常数，其伏安特性为曲线。

2. 电阻元件的功率

在电压、电流取关联参考方向下，电阻的功率根据欧姆定律以及功率的计算公式，则有

$$p_R = Ri^2 = \frac{u^2}{R} \tag{1-7}$$

由式（1-7）可知，不管电阻上的电流（或电压）为正值还是负值，电阻的功率都是大于零的，因此电阻总是吸收功率；在非关联参考方向的情况下，电阻的功率为 $p_R = -Ri^2$，不管电阻上的电流为正值还是负值，电阻的功率都小于零，同样，电阻总是吸收功率。即电阻元件在任何时刻都只能从外电路吸收能量，它在

任何时刻都消耗电路的电能，把它转换为其他形式的能量。所以电阻元件是一个耗能元件。

电阻元件只能从电路中吸收电能量，不能对外电路提供电能，这样的元件称为无源元件。

电阻元件的阻值可以在从 0 到无穷大范围内变化。电阻的阻值等于零时，则电阻可以用一根理想导线替代，此时电阻处相当于短路；电阻的阻值为无穷大时，则电阻相当于断开，此时电阻处相当于开路。

作为理想元件，电阻元件上的电压、电流可以不受限制地满足欧姆定律。但作为实际的电阻器件如灯泡、电炉等，对电压、电流或功率却有一定的限额。过大的电压或电流会使器件过热而损坏。因此，在电子设备的设计中，除了考虑电阻器件的阻值外，还必须考虑电阻器的额定功率，甚至器件的散热问题。在电子设备中，电阻器主要用于稳定和调节电路中的电流和电压，其次还可作为消耗电能的负载、分流器、分压器、稳压电源中的取样电阻、晶体管电路中的偏置电阻等。

对于简单的电阻电路，应用电阻的串、并联概念进行分析是非常便利及有效的方法。

3. 电阻的串联

如果电路中由两个或者多个电阻一个接一个地顺序相联，并且这些电阻中通过同一个电流，则这样的联接就称为串联，如图 1-17 所示。

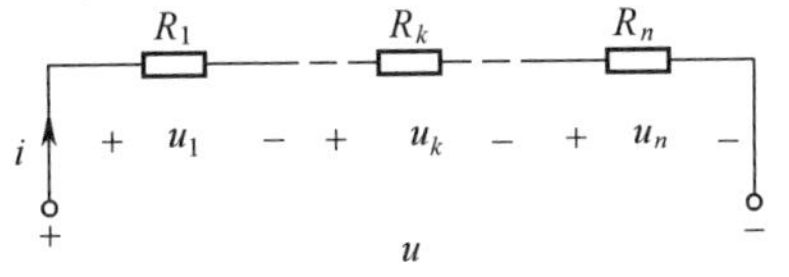

图 1-17　n 个电阻的串联电路

设等效电阻、总电压、总电流及总功率分别为 R_{eq}、u、i、p。

（1）等效电阻

$$R_{eq} = R_1 + \cdots + R_k + \cdots + R_n = \sum_{k=1}^{n} R_k > R_k$$

（2）分压关系

$$\frac{u_1}{R_1} = \frac{u_2}{R_2} = \cdots = \frac{u_n}{R_n} = \frac{u}{R_{eq}} = i$$

故电阻串联，各分电阻上的电压与电阻值成正比，电阻值大者分得的电压大。因此串联电阻电路可用作分压电路。

图 1-18 为两个串联电阻电路，由分压公式可得

$$u_1 = \frac{R_1}{R_1 + R_2} u , \quad u_2 = \frac{R_2}{R_1 + R_2} u$$

（3）功率分配

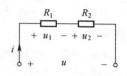

图 1-18　两个电阻串联

$$\frac{p_1}{R_1} = \frac{p_2}{R_2} = \cdots = \frac{p_n}{R_n} = \frac{p}{R_{eq}} = i^2$$

4. 电阻的并联

如果电路中有两个或更多个电阻联接在两个公共的结点之间，则这样的联接法就称为并联，如图 1-19 所示。

设等效电阻、总电压、总电流及总功率分别为 R_{eq}、u、i、p。

（1）等效电阻

$$\frac{1}{R_{eq}} = \frac{1}{R_1} + \frac{1}{R_2} + \cdots + \frac{1}{R_n}$$

（2）分流关系

$$i_1 R_1 = i_2 R_2 = \cdots = i_n R_n = i R_{eq} = u$$

因此电阻并联，各分电阻上的电流与电阻值成反比，电阻值大者分得的电流小。所以并联电阻电路可用作分流电路。

例如图 1-20 为两个电阻并联，其等效电阻和分流结果为

$$R_{eq} = \frac{R_1 R_2}{R_1 + R_2} , \quad i_1 = \frac{R_2 i}{R_1 + R_2} , \quad i_2 = \frac{R_1 i}{R_1 + R_2}$$

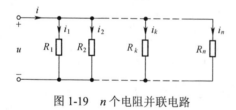

图 1-19　n 个电阻并联电路

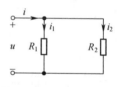

图 1-20　两个电阻并联

（3）功率分配

$$p_1 R_1 = p_2 R_2 = \cdots = p_n R_n = p R_{eq} = u^2$$

可见并联的负载电阻愈多（负载增加），则总电阻愈小，电路中总电流和总功率也就愈大。但是每个负载的电流和功率却没有变动。

1.3.2　电容元件

电容器是实际电路中最常用的一种元件，在电力系统中起着提高功率因数的

重要作用。同时，电容器还是电子设备中最重要的元件之一，在电子电路中是获得振荡、滤波、移相、旁路、耦合等作用的主要元件，因此被广泛应用于电子学、通信和计算机等领域。基本上所有的电子设备，小到闪盘、数码相机，大到航天飞机、火箭中都可以见到它的身影。

电容器的基本结构是在两块平行的金属板之间衬垫绝缘介质。当对电容器外加电压时，其两块金属板分别积聚等量的异号电荷，在介质中建立电场，并储存电场能量。将电源移去后，电荷可继续积聚在极板上，电场继续存在。所以电容器的主要电磁特性是存储电场能量。电容元件就是表征此类电磁特性的理想电路元件。

当对电容元件施以电压时，电容元件的两块金属板分别带上等量的正负电荷 q，对线性电容元件而言，所带电荷量 q 与外加电压 u 成正比，即

$$q = Cu$$

式中 C 为电容元件的参数，称为电容量，它是一个正实常数。电容元件的图形符号如图 1-21 所示。

在国际单位制中，当电荷为库仑（C），电压为伏特（V），电容单位为法[拉]（F）。对电容来讲，法单位太大，在实际使用时，一般都用微法（μF，$1\mu F = 10^{-6}F$）和皮法（pF，$1pF = 10^{-12}F$）。

1. 电容元件的库伏特性

在平面直角坐标系中，如果以电荷为纵坐标，电压为横坐标，则电容电荷和电压之间的关系曲线称为电容的库伏特性，如图 1-22 所示。

图 1-21　电容元件的符号

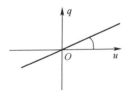

图 1-22　电容元件的库伏特性

对于线性电容，库伏特性是一条通过原点的直线。对于非线性电容，电容值不是一个实常数，其库伏特性为曲线。

2. 电容元件的电压和电流的关系

当电容元件的电压和电流取关联参考方向时，电容的电流电压关系为

$$i = C\frac{\mathrm{d}u}{\mathrm{d}t} \tag{1-8}$$

式（1-8）表明电容的电流与电压的变化率成正比。当电容的电压发生剧变（即

du/dt 很大）时，电流很大。当电压不随时间变化时，电流为零。因此，在直流电路中，由于电压为恒定值，则流过电容的电流恒等于零，所以，电容相当于开路，或者说电容有隔断直流（简称隔直）的作用。

由电容的电流电压关系式，可得到以下积分式

$$u(t) = u(t_0) + \frac{1}{C} \int_{t_0}^{t} i \mathrm{d}\xi \qquad (1\text{-}9)$$

式（1-9）表明，电容元件两端的电压不仅与电容初始电压值有关，而且与电容元件整个变化过程中电流的变化有关，因此，电容元件具有"记忆"功能。

当电容的电压和电流为非关联参考方向，则其电压和电流的关系为

$$i = -C \frac{\mathrm{d}u}{\mathrm{d}t}$$

3. 电容元件的功率和能量

在电压、电流取关联参考方向下，电容元件的功率为

$$p_C = ui = uC \frac{\mathrm{d}u}{\mathrm{d}t}$$

p_C 的正负决定于电容两端电压和电压变化率乘积的符号。$p_C > 0$，表示电容从外电路吸收能量，并以电场能量的形式储存起来；$p_C < 0$，表示电容向外电路输送能量，即把其以前储存的电场能量释放出去。

根据能量的定义，电容从 t_0 到 t 时间内，从外界电路输入的总能量为

$$w_C = \int_{t_0}^{t} p_C \mathrm{d}\xi = C \int_{u(t_0)}^{u(t)} u \mathrm{d}u = \frac{1}{2} C u^2(t) - \frac{1}{2} C u^2(t_0) \qquad (1\text{-}10)$$

式（1-10）表明：电容元件在某一时刻储存或释放电场能量只与它两端的电压有关。当 $u(t) > u(t_0)$ 即电压增加时，$w_C > 0$，电容元件从外电路吸收电能，即充电；当 $u(t) < u(t_0)$ 即电压减小时，$w_C < 0$，电容元件把储存的电场能量向外电路释放，即放电。在充、放电过程中，电容自身并不消耗能量，因此它是一种储能元件。又由于它只能释放出它已储存的能量，若未储能则无法释放，因此它也是一种无源元件。

在实际应用中应注意，电容器中的电介质能够承受的电场强度是有限的，当施加在电容器上的电压超过一定值时，电介质有可能被击穿而损坏。一般电解容和体积较大的电容器，都将耐压值直接标在电容器的表体上。所以在选用电容器时，不光要注意电容量的大小，还要注意其耐压值。

1.3.3　电感元件

电感器是由导线在绝缘管上单层或多层绕制而成的，导线彼此互相绝缘，而

绝缘管可以是空心的，也可以包含铁心或磁粉心，如图 1-23（a）所示。在电子系统和电子设备中电感器是必不可少的元件。电感的特性与电容的特性相反，其具有通低频、阻高频、通直流、阻交流等特性。电感在电路中主要用于耦合、滤波、缓冲、偏转、延迟、补偿、调谐、陷波、选频、振荡、定时、移相等。

电感元件是实际线圈的一种理想化模型。当线圈中通以电流 i，在线圈中就会产生磁通量 Φ，以及磁链 ψ，并储存磁场能量。电感元件就是反映这一电磁特性的理想电路元件。电感元件的图形符号如图 1-23（b）所示。

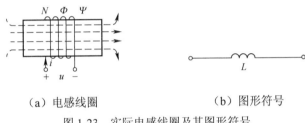

（a）电感线圈 （b）图形符号

图 1-23 实际电感线圈及其图形符号

对线性电感而言，当电感的电流方向与磁链方向满足右手螺旋法则时，磁链 ψ 与外加电流 i 成正比，即

$$\psi = Li$$

式中 L 为电感元件的参数，称为电感量，它是一个正实常数。

在国际单位制中，当磁链的单位为韦伯（Wb），电流的单位为安培（A）时，电感的单位为亨利（简称亨）（H）。电感的单位还有毫亨（mH，$1\text{mH} = 10^{-3}\text{H}$）和微亨（μH，$1\mu\text{H} = 10^{-6}\text{H}$）。

1. 电感元件的韦安特性

平面直角坐标系中，如果以磁链为纵坐标，电流为横坐标，则电感磁链和电流之间的关系曲线称为电感的韦安特性，如图 1-24 所示。

对于线性电感，磁链和电流的韦安特性是一条通过原点的直线。

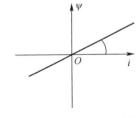

图 1-24 电感元件的韦安特性

对于非线性电感元件，电感值不是一个实常数，其韦安特性为曲线。

2. 电感元件的电压和电流的关系

线圈电压来源于磁通的变化，即当磁通变化时，会在交链的线圈上产生感应电压，感应电压的方向和大小遵循楞次定律与电磁感应定律。当感应电压方向与磁链方向满足右手螺旋法则时，磁链与感应电压的关系为

$$u = \frac{\mathrm{d}\psi}{\mathrm{d}t} \tag{1-11}$$

在电感的电压、电流取关联参考方向的情况下，把 $\psi = Li$ 代入式（1-11），可以得到电感元件的电压和电流之间的关系

$$u = L\frac{\mathrm{d}i}{\mathrm{d}t} \tag{1-12}$$

式（1-12）表明电感的电压与电流的变化率成正比。当电感上电流发生剧变（即 $\mathrm{d}i/\mathrm{d}t$ 很大）时，电压很大。当电流不随时间变化时，电压为零。因此，在直流电路中，由于电流为恒定值，因此电感两端的电压恒等于零，所以，电感相当于短路。

由电感的电流电压关系式，可得到以下积分式

$$i(t) = i(t_0) + \frac{1}{L}\int_{t_0}^{t}u\mathrm{d}\xi \tag{1-13}$$

式（1-13）表明，流过电感元件的电流不仅与其初始电流值有关，而且与电感元件整个变化过程中电压的变化有关，因此，电感元件也具有"记忆"功能。

当电感的电压和电流为非关联参考方向时，其电压和电流的关系为

$$u = -L\frac{\mathrm{d}i}{\mathrm{d}t}$$

3. 电感元件的功率和能量

在电感元件的电压、电流取关联参考方向的情况下，电感元件的功率为

$$p_{\mathrm{L}} = iu = iL\frac{\mathrm{d}i}{\mathrm{d}t}$$

p_{L} 的正负决定于流过电感的电流和电流变化率乘积的符号。$p_{\mathrm{L}} > 0$，表示电感从外电路吸收能量，并以磁场能量的形式储存起来；$p_{\mathrm{L}} < 0$，表示电感向外电路输送能量，把电感以前储存的磁场能量送回外电路。

根据能量的定义，电感从 t_0 到 t 时间内，从外界电路输入的总能量 w_{L} 为

$$w_{\mathrm{L}} = \int_{t_0}^{t}p_{\mathrm{L}}\mathrm{d}\xi = L\int_{i(t_0)}^{i(t)}i\mathrm{d}i = \frac{1}{2}Li^2(t) - \frac{1}{2}Li^2(t_0) \tag{1-14}$$

式（1-14）表明：电感元件在某一时刻储存或释放的磁场能量只与通过它的电流有关。当 $i(t) > i(t_0)$ 即电流增加时，$w_{\mathrm{L}} > 0$，电感元件从外电路吸收电能；当 $i(t) < i(t_0)$ 即电流减小时，$w_{\mathrm{L}} < 0$，表示电感元件把储存的磁场能量向外电路释放。同电容元件一样，电感元件是一种储能元件，也是一种无源元件。

在实际选用电感线圈时，除了选择合适的电感量外，其实际工作电流不能超过额定电流。否则，电感线圈可能因电流过大而被烧毁。

【思考与讨论】

若需要一只 1W、500kΩ 的电阻元件，但手头只有 0.5W 的 250kΩ 和 0.5W 的

1MΩ 的电阻元件若干只，试问应怎样解决？

无源元件小结：

*关联参考方向下，电阻元件电压与电流关系为 $u = iR$；电容元件电压与电流关系为 $i = C\dfrac{du}{dt}$；电感元件电压与电流关系为 $u = L\dfrac{di}{dt}$。

*电阻元件是无记忆元件，某一时刻电流大小只与当前电压大小有关，与以前电流大小无关。电容是有记忆元件，其电压大小不仅与当前电流有关，还与以前的电压大小有关；电感也是有记忆元件，其电流大小不仅与当前电压有关，还与以前的电流大小有关。

*电阻始终是耗能元件。电容与电感是储能元件，它们不消耗电能。电容可以把电能转换成电场能存储和释放；电感可以把电能转换成磁场能存储和释放。

1.4　有源元件

电路中的耗能器件或装置有电流流动时，会不断消耗能量，电路中必须有提供能量的器件或装置——电源。常用的直流电源有蓄电池、直流发电机、直流稳压电源和直流稳流电源等。常用的交流电源有电力系统提供的正弦交流电源、交流稳压电源和产生多种波形的各种信号发生器等。为了得到各种实际电源的电路模型，定义两种理想的电源元件——理想电压源（Ideal voltage source）和理想电流源（Ideal current source）。

1.4.1　理想电压源

如果一个二端元件的电流无论为何值，其电压保持常量 U_S 或按给定的时间函数 $u_S(t)$ 变化，则此二端元件称为理想电压源（又称独立电压源，Independent voltage source），简称为电压源。电压源的图形符号如图 1-25（a）所示。

图 1-25（a）中电压源图形符号中的正负表示电压源的参考方向，u_S 表示电压源大小。u_S 既可以是一个恒定大小的直流电压源，也可以是大小和方向都随时间变化而变化的交流电压源。直流电压源有时用如图 1-25（b）所示的图形符号表示，电压值为 U_S（一般直流量用大写字母表示）。

电压源有两个特性：

（1）电压源两端的电压不随外接电路的变化而变化；

（2）流过电压源的电流取决于电压源外接的电路。

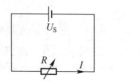

（a）电压源图形符号   （b）直流电压源另一种图形符号

图 1-25   电压源符号

在图 1-26 所示电路中，电阻 R 为可变电阻，电压源 U_S 为直流电压源。不管电阻 R 如何变化，电压源两端的电压恒定为 U_S；但当电阻 R 发生改变时，电流 $I = U_S/R$ 将随着电阻的改变而改变。

因此理想电压源的伏安特性是一条平行于电流轴的直线，如图 1-27 所示。

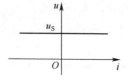

图 1-26   电压源特性研究   图 1-27   理想电压源伏安特性

事实上，理想的电压源并不存在。也就是说，所有的实际电压源（如发电机、蓄电池等）基于物理和化学结构都有固有的内阻，因此当有输出电流时，内阻就会产生压降，并且消耗一定的能量。

实际电压源的电路模型可用理想电压源和电阻元件的串联组合表示，如图 1-28（a）所示。实际电压源的端电压与电流的关系由图 1-28（a）可推出，即

$$u = u_S - Ri$$

由此得到的伏安特性如图 1-28（b）所示。可见，实际电压源的端电压会随着电流的增加而下降，且内阻越大，电压下降的越多。

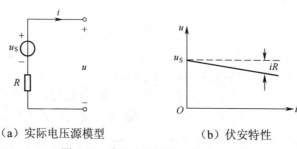

（a）实际电压源模型   （b）伏安特性

图 1-28   实际电压源模型及伏安特性

将 n 个电压源串联联接时，如图 1-29 所示，有

$$u_S = u_{S1} + u_{S2} + \cdots + u_{Sn} = \sum_{k=1}^{n} u_{Sk}$$

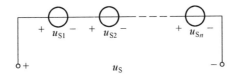

图 1-29　n 个电压源串联

当 u_{Sk} 的参考方向与 u_S 的参考方向不一致时，式中 u_{Sk} 的前面取 "–" 号。

1.4.2　理想电流源

理想电流源是从实际电源抽象出来的另一种电源元件。如果一个二端元件的电压无论为何值，其电流保持常量 I_S 或按给定时间函数 $i_S(t)$ 变化，则此二端元件称为理想电流源（又称独立电流源），简称电流源。电流源的图形符号如图 1-29 所示。

图 1-30 电流源图形符号中的箭头表示电流源的参考方向，i_S 表示电流源大小。i_S 可能是一个恒定常数（直流电流源，即 I_S），也可能是随时间变化的电流。

图 1-30　电流源符号

电流源也有两个特性：

（1）电流源提供的电流不随外接电路的变化而变化；

（2）电流源的端电压取决于电流源外接的电路。

在图 1-31 所示的电路中，电阻 R 为可变电阻，电流源 I_S 为直流电流源。不管电阻 R 如何变化，电流源的电流恒等于 I_S，而当电阻 R 发生改变时，电流源两端的电压 $U = RI_S$ 随着电阻的改变而改变。

因此理想电流源的伏安特性是一条平行于电压轴的直线，如图 1-32 所示。

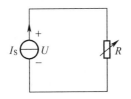
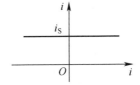

图 1-31　电流源特性研究　　　　　图 1-32　电流源伏安特性

实际电流源（如光电池一类的器件），可用理想电流源和电阻元件的并联组合作为它的电路模型，如图 1-33（a）所示。实际电流源的伏安关系式为

$$i = i_S - u/R$$

关系曲线如图 1-33（b）所示。可见，实际电流源输出的电流会随着电压的增加而减小。

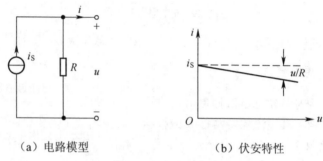

（a）电路模型　　　　　　　　（b）伏安特性

图 1-33　实际电流源

将 n 个电流源并联联接时，如图 1-34 所示，有

$$i_S = i_{S1} + i_{S2} + \cdots + i_{Sn} = \sum_{k=1}^{n} i_{Sk}$$

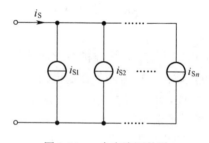

图 1-34　n 个电流源并联

当 i_{Sk} 的参考方向与 i_S 的参考方向不一致时，式中 i_{Sk} 的前面取"–"号。

1.4.3　受控源

在实际电路的分析中，经常要用到受控源（Dependent source）模型。如变压器原边电压和副边电压的关系可用受控电压源来表示；在分析电子电路中的晶体管放大电路时，则常用受控电流源模型来表示晶体管中基极电流与集电极电流的关系。

受控（电）源又称为非独立电源。受控源本身并不像独立电源一样，能够给外界电路提供能量。受控电压源的电压和受控电流源的电流都不是给定的时间函数，而是受电路中某一部分的电流或电压的控制，如图 1-35 所示，2-2′之间的电压受 1-1′之间的电压的控制。

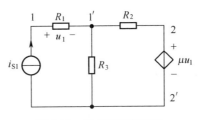

图 1-35　受控源受控情况

为了区别于独立电源，受控源的图形用菱形符号表示。根据受控源在电路中呈现的是电压还是电流特性，以及这个电压或电流是受电路另一部分的电压还是电流的控制，受控源可分为电压控制电压源（Voltage Controlled Voltage Source，VCVS）、电压控制电流源（Voltage Controlled Current Source，VCCS）、电流控制电压源（Current Controlled Voltage Source，CCVS）和电流控制电流源（Current Controlled Current Source，CCCS）四种类型，它们的图形如图 1-36 所示。

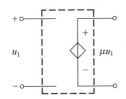
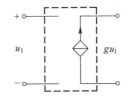

（a）电压控制电压源（VCVS）　　　　（b）电压控制电流源（VCCS）

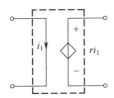
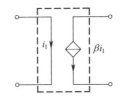

（c）电流控制电压源（CCVS）　　　　（d）电流控制电流源（CCCS）

图 1-36　受控源的分类

对于线性受控源，图中 μ，r，g 和 β 都是常数。其中，μ 和 β 是没有量纲的常数，r 具有电阻量纲，g 具有电导量纲。

【思考与讨论】
　大小不同的理想电压源可以并联吗？大小不同的理想电流源是否可以串联？

理想电压源和理想电流源作串联或并联后的电路有什么特点？

📁有源元件小结：

*电压源的特点：两端的电压不随外接电路的变化而变化；流过电压源的电流取决于电压源外接的电路。

*电流源的特点：提供的电流不随外接电路的变化而变化；电流源的端电压取决于电流源外接的电路。

*电压源串联后的总电压等于每一个电压源电压的代数和；电流源并联后的总电流等于每一个电流源电流的代数和。

*有些电路元件如变压器、晶体管虽不能独立地为电路提供能量，但在输入端电压或电流控制下，在其输出端可以提供一定的电压或电流，这类元件可以用受控源来等效。

*根据输入端的控制量和输出端的被控量不同，可以把受控源分为电压控制电压源（VCVS）、电压控制电流源（VCCS）、电流控制电压源（CCVS）、电流控制电流源（CCCS）四种类型。

1.5　半导体器件

半导体器件是组成各种分立、集成电子电路的最基本的元器件，其特点是体积小、重量轻、使用寿命长、耗电少等。

【问题引导】半导体的导电特性与导体有何不同？

1.5.1　半导体基础知识

按导电能力的不同，把物体分为导体、半导体和绝缘体。导电性介于导体与绝缘体之间的材料，称为半导体。常用半导体器件的材料有硅（Si）、锗（Ge）、砷化镓（GaAs）等。其中，硅、锗应用得最广泛，而砷化镓主要用来制作高频高速器件。

半导体在现代科学技术中应用得非常广泛，这是因为其有如下特性。

（1）光敏特性。某些半导体的导电性能与光照强度有关。利用光敏性可以制成光敏电阻、光敏二极管、光敏三极管和光电耦合元件等。用于光控，如光控路灯。

（2）热敏特性。某些半导体的导电性能与温度有关，温度升高时，其导电能力显著增强。利用热敏性，可制成热敏电阻。用于温度检测、超温报警，如电脑CPU的温控。

（3）掺杂特性。往纯净的半导体中掺入微量的某些杂质，其导电能力显著增强。利用掺杂性可制成各种不同用途的半导体器件，如半导体二极管、半导体三极管和集成电路等。

1. 本征半导体

纯净的具有晶体结构的半导体称为本征半导体（Intrinsic Semiconductor），如硅、锗。这种晶体结构中，原子与原子之间构成共价键结构。在热力学零度（$T = 0$K，相当于 $T = -273$℃）且无外界激发的条件下，本征半导体不导电，相当于绝缘体。但在获得一定能量（如温度升高或受光照）时，会使一些价电子挣脱共价键的束缚成为自由电子，同时，共价键中就留下一个空位，这个空位称作空穴。这种现象称为本征激发。空穴和自由电子的形成如图 1-37 所示。

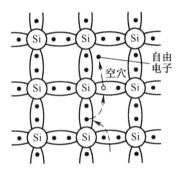

图 1-37　空穴和自由电子的形成

在本征半导体中，自由电子和空穴总是成对出现，数量相等，称为电子空穴对。自由电子带负电，空穴带正电。自由电子和空穴都称为载流子。

温度对本征半导体的影响很大，温度升高，载流子数目增多。所以，半导体的导电性能对温度很敏感，这一特性既可以用来制作热敏和光敏器件，又是造成半导体器件温度稳定性差的原因。

半导体存在电子导电和空穴导电两种导电方式，这是半导体导电不同于导体导电的本质区别。

2. 杂质半导体

本征半导体的载流子浓度低，导电能力较弱。通常往本征半导体中掺入微量的杂质（如三价或五价元素），半导体的导电能力就会显著增强，故掺入微量杂质的半导体称为杂质半导体（Impurity Semiconductor）。按掺入的杂质性质，杂质半导体可分为 N 型半导体和 P 型半导体。

（1）N 型半导体（N-type Semiconductor）。

在本征半导体中掺入五价元素（如磷 P），杂质原子就会替代某些硅原子原来的位置。在构成共价键时，多余的一个价电子因不受共价键的束缚，容易挣脱原子核的束缚而成为自由电子。这样，自由电子数目大量增加，自由电子导电成为这种半导体的主要导电方式，故称其为电子型半导体或 N 型半导体。在 N 型半导体中，自由电子是多数载流子（简称多子），空穴是少数载流子（简称少子）。

（2）P 型半导体（P-type Semiconductor）。

在本征半导体中掺入微量三价元素（如硼 B），杂质原子核外层有三个价电子，因而在组成共价键结构时，因缺少一个价电子而多出一个空穴。于是，空穴数目大量增加，空穴导电成为这种半导体的主要导电方式，故称其为空穴型半导体或 P 型半导体。P 型半导体中，空穴是多子，自由电子是少子。

在杂质半导体中，多数载流子的数目与掺入的杂质有关，掺入杂质越多，多数载流子的数目就越多；而少数载流子的数目则与温度有关，温度越高，少数载流子的数目就越多。应当注意，不论是哪一种杂质半导体，虽然都有一种载流子占多数，但整个晶体仍然呈电中性。

【思考与讨论】

掺杂半导体中的多数载流子浓度取决于什么因素？少数载流子浓度取决于什么因素？掺杂半导体整体对外是否显示电性？

1.5.2　半导体二极管

1. 二极管的结构和类型

在一块半导体晶体上，采用一定的掺杂工艺，使两边分别形成 P 型半导体和 N 型半导体。这样就在 P 区和 N 区交界处的两侧形成一个空间电荷区，即为 PN 结。将一个 PN 结两极分别加上电极引线并用管壳封装起来就构成了半导体二极管，简称二极管。P 区一侧引出的电极称为阳极（正极），N 区一侧引出的电极称为阴极（负极），其电路符号如图 1-38（a）所示。图 1-38（a）中左边的符号为工程上常用的符号，右边的符号是国标符号。二极管的管壳表面常标有箭头、色点或色圈来表明二极管的极性。

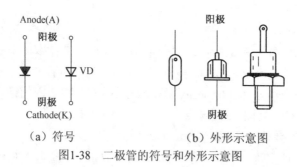

（a）符号　　　　　　　　　　（b）外形示意图

图1-38　二极管的符号和外形示意图

2. 二极管的伏安特性

当外加电压极性不同时，二极管表现出截然不同的导电特性，伏安特性曲线可以直观地反映出二极管的单向导电性。二极管外加电压的方式通常称为偏置方式，所加电压称为偏置电压。

（1）实际特性

不同类型的二极管，其参数不尽相同，但其伏安特性曲线的形状大致相同，如图 1-39 所示。由曲线形状可知，二极管是非线性元件，其伏安特性分为正向特性、反向特性和反向击穿特性三部分。

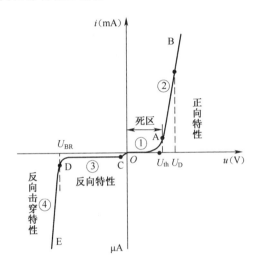

图 1-39　二极管的伏安特性曲线

① 正向特性。

当二极管的阳极接电源正极，阴极接电源负极，称二极管为外加正向电压，也称正向偏置（简称正偏）。

当二极管外加正向电压较小时，这时的正向电流近似为零，呈现较大的电阻。这一段（OA 段）曲线称为二极管的死区，对应的电压称为死区电压 U_{th}，亦称开启电压。其数值与材料及环境温度有关，硅管的死区电压 U_{th} 约为 0.5V，锗管的死区电压 U_{th} 约为 0.1V。

当正向电压超过死区电压后，正向电流迅速增大，这时的二极管才真正导通（AB 段）。由于这段特性很陡，在正常工作范围内，正向电压变化很小，硅管的正向导通压降 U_D 约为 0.6～0.8V；锗管的正向导通压降 U_D 约为 0.2～0.3V。

在使用二极管时，若外加电压较大，一般要串接限流电阻，以免产生过大的电流烧坏二极管。

② 反向特性。

当二极管的阳极接电源负极，阴极接电源正极，称二极管为外加反向电压，也称反向偏置（简称反偏）。

当二极管外加反向电压时，有很小的反向电流存在。反向电流有两个特点：一是具有正温度特性，即随温度的升高而增大；二是反向电压在一定范围内，反向电流的大小基本恒定，故也称为反向饱和电流。一般硅二极管的反向饱和电流比锗二极管小，前者在几微安以下，而后者可达数百微安。由于反向电流很小，近似为零，因此通常情况下可以认为二极管截止，处在开路状态。

③ 反向击穿特性。

当二极管外加反向电压增加到一定数值（D 点）时，反向电流突然急剧增加，二极管失去单向导电性，称二极管被反向击穿（电击穿），此时的电压称为反向击穿电压 U_{BR}。

一般来讲，二极管的电击穿是可以恢复的，只要外加电压减小即可恢复常态。但普通二极管发生电击穿后，反向电流很大，且反向电压很高，因而消耗在二极管 PN 结上的功率很大，致使 PN 结温度升高。而结温升高会使反向电流继续增大，形成恶性循环，最终造成 PN 结因过热而烧毁（称作热击穿）。二极管热击穿后便会失去单向导电性造成永久损坏。

（2）理想特性。

在正常工作范围内，当电压远大于二极管正向导通压降时，实际工作中可将二极管理想化为一个开关，其伏安特性曲线如图 1-40 中粗实线所示。当外加正向电压时，二极管导通，正向压降 $u_D = 0$，相当于开关闭合；当外加反向电压时，二极管截止，反向电流 $i_D = 0$，相当于开关断开。通常把这种理想化的二极管称为理想二极管。

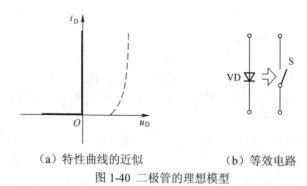

（a）特性曲线的近似　　　　　（b）等效电路

图 1-40 二极管的理想模型

（3）近似特性。

当电压较小时，二极管的正向压降不能忽略。在二极管充分导通且工作电流不是很大时，二极管的正向压降 u_D 变化不大，因此可以近似认为 u_D 为常数，可以用一个直流电压源 U_D 来等效正向导通的二极管，通常硅管取 $U_D = 0.7V$，锗管取 $U_D = 0.3V$。

图 1-41 中的特性曲线（粗实线）和等效电路就是在考虑正向压降的情况下对实际二极管的近似。当外加正向电压大于 U_D 时，二极管导通，开关闭合，二极管两端电压降为 U_D；当外加反向电压时，二极管截止，反向电流 $i_D = 0$，开关断开。

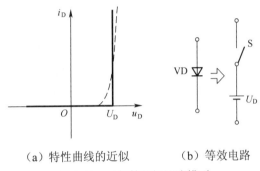

（a）特性曲线的近似 　　 （b）等效电路

图 1-41　二极管的恒压降模型

在实际电路分析中，应根据实际情况选择二极管的模型，如果分析所产生的误差不影响最后的分析结果，应尽量选择较简单的模型。

3. 二极管电路分析举例

二极管的应用非常广泛，利用其单向导电性可实现整流、限幅、钳位、隔离、检波和保护等作用。

分析含有二极管的电路，首先是分析电路中二极管的工作状态（导通或截止）。判断电路中二极管是否导通的方法是将二极管断开，分析二极管两极电位。

（1）理想二极管：

若 $V_阳 > V_阴$，则二极管导通，正向压降 $U_D = 0$，相当于开关闭合；

若 $V_阳 < V_阴$，则二极管截止，反向电流 $i_D = 0$，相当于开关断开。

（2）普通二极管：（以硅管为例，正向导通电压取 0.7V）

若 $V_阳 - V_阴 > 0.7V$，则二极管导通，导通后正向压降 $U_D = 0.7V$；

若 $V_阳 - V_阴 < 0.7V$，则二极管截止，反向电流 $i_D = 0$，相当于开关断开。

例 1-2　电路如图 1-42 所示，VD 为理想二极管。试判断图中二极管是导通还是截止，并求出 AO 两端的电压 U_{AO}。

解：

（a）假设二极管 VD 处于开路时，则二极管阳极电位 $V_阳$ 为 – 6V，阴极电位 $V_阴$ 为 – 12V。VD 处于正偏而导通，实际压降为二极管的导通压降。理想情况为零，相当于短路。所以 A 点的电位等于 6V 电源负极的电位，O 点的电位等于 6V 电源正极的电位，故 $U_{AO} = -6V$。

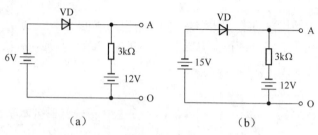

图 1-42 例 1-2 的图

（b）假设二极管 VD 开路时，则二极管阳极电位 $V_阳$ 为 $-15V$，阴极电位 $V_阴$ 为 $-12V$。VD 处于反偏而截止，二极管相当于开路。此时 3kΩ 电阻没有电流流过，电阻两端电压为 0，所以 A 点的电位等于 12V 电源负极的电位，O 点电位等于 12V 电源正极的电位，故 $U_{AO} = -12V$。

例 1-3   电路如图 1-43（a）所示，已知 $u_i = 12\sin\omega t$ V，VD 为理想二极管。试分析电路工作原理，并画出输出电压 u_o 的波形。

解：当 $u_i \leqslant 6V$ 时，VD 截止，输出 $u_o = u_i$；

当 $u_i > 6V$ 时，VD 导通，输出 $u_o = 6V$。

电路为单向限幅电路。其输出电压的波形如图 1-43（b）所示。

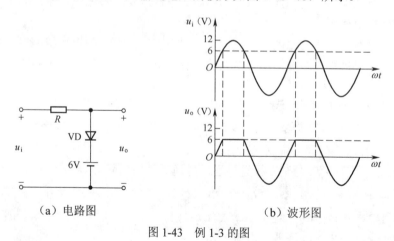

（a）电路图   （b）波形图

图 1-43   例 1-3 的图

4. 稳压二极管

简称稳压管，又称齐纳二极管（Zener Diode），是一种特殊用途的面接触型硅半导体二极管。使用时，稳压管反向偏置，工作在反向击穿状态，与适当阻值的电阻配合起稳定电压的作用。其电路符号如图 1-44（a）所示。

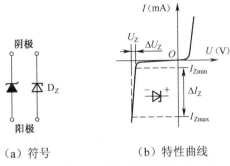

（a）符号　　　　　　（b）特性曲线

图 1-44　稳压二极管的符号和特性曲线

稳压管是利用 PN 结的反向击穿来实现稳压作用的。伏安特性曲线如图 1-44（b）所示，稳压管反向击穿时，在一定电流范围内，稳压管两端的电压变化很小，可以近似认为，反向击穿电压 U_Z 基本不变，该电压即为稳压管的稳定电压。图 1-45 为稳压二极管对负载 R_L 进行稳压的电路，稳压后 $U_L = U_Z$。

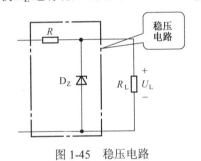

图 1-45　稳压电路

利用稳压管进行稳压时应注意两点：一是稳压管应与需稳压的元件作并联；二是要串联适当的电阻进行限流，以免电流过大烧坏管子。

【思考与讨论】

如何检测一个普通二极管的好坏及其极性？

1.5.3　双极型晶体管

半导体三极管分为双极型晶体管（Bipolar Junction Transistor，BJT）和场效应晶体管（Field Effect Transistor，FET）两大类。由于双极型晶体管的发明和应用较场效应晶体管早得多，因而习惯上把双极型晶体管简称为三极管或晶体管。晶体管由两个背对背的 PN 结构成，在工作过程中电子和空穴两种载流子都参与导电，故有"双极型"之称，以区别于只有一种载流子导电的场效应晶体管。

1. 晶体管的结构和类型

晶体管有三个区（发射区、基区和集电区），从三个区分别引出三个电极（发射极 E、基极 B 和集电极 C），基区与发射区间的 PN 结称为发射结（J_E），基区与集电区间的 PN 结称为集电结（J_C）。晶体管按频率可分为高频管和低频管；按功率可分为大功率管、中功率管和小功率管；按半导体材料又分为硅管和锗管；按结构可分为 NPN 型和 PNP 型。晶体管的结构示意图和电路符号如图 1-46 所示。晶体管符号中的箭头表示发射结正偏时电流的方向。

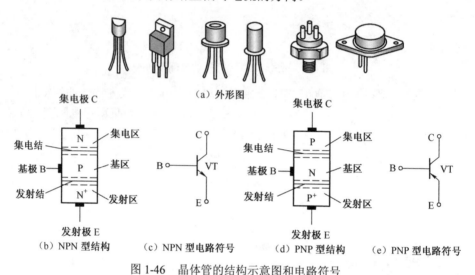

图 1-46 晶体管的结构示意图和电路符号

晶体管制造工艺的特点是：基区很薄且掺杂浓度很低；发射区掺杂浓度很高，与基区相差很大；发射区的掺杂浓度比集电区高，而集电区尺寸比发射区大。这些特点是保证晶体管具有电流放大作用的内部条件。

2. 晶体管的放大原理

（1）放大工作条件。

当晶体管的三个电极加不同电压时，其内部发射结和集电结的偏置状态也不同，晶体管可工作在放大、饱和、截止三种工作状态。对信号进行放大时，要求晶体管必须工作在放大状态；而在开关电路或脉冲数字电路中，晶体管工作在饱和状态或截止状态。

晶体管工作状态及发射结和集电结的电压偏置条件见表 1-1。

在放大电路中，NPN 型晶体管和 PNP 型晶体管的工作原理类似，只是在使用时外接电源极性不同。由表 1-1 可见，要使晶体管工作在放大状态，则必须使发射结正偏，集电结反偏。因此，对于 NPN 型晶体管，处在放大状态时有 $V_C > V_B > V_E$；

而 PNP 型晶体管，处在放大状态时有 $V_C < V_B < V_E$。

表 1-1　晶体管工作状态及其外部条件

发射结偏置	集电结偏置	工作状态	应用
正偏	反偏	放大	放大电路
	正偏	饱和	开关电路
反偏	反偏	截止	开关电路

（2）电流放大作用。

图 1-47 所示的放大电路是由 NPN 型晶体管与基极电阻 R_B、电源 U_{BB}、集电极电阻 R_C 和电源 U_{CC} 构成的共发射极放大电路。此时放大电路并没有接输入信号，这时电路所处的状态称为静态。静态时，晶体管基极与发射极之间的电压为 U_{BE}，集电极与发射极之间的电压为 U_{CE}。由于放大状态时，NPN 型晶体管有 $V_C > V_B > V_E$，故 $U_{BE} > 0$，$U_{CE} > 0$。

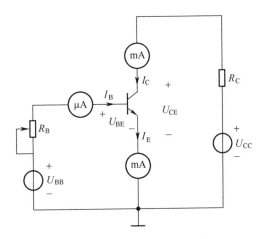

图 1-47　共发射极放大电路

在图 1-47 电路中，如果改变可调电阻 R_B 的阻值，则基极电流 I_B、集电极电流 I_C 和发射极电流 I_E 都发生变化。研究结果及测量数据表明，晶体管工作在放大状态下，发射极电流 I_E、基极电流 I_B 和集电极电流 I_C 之间存在以下关系

$$I_C = \bar{\beta} I_B$$

$$I_E = I_B + I_C = (1 + \bar{\beta}) I_B$$

式中 $\bar{\beta}$ 称为共发射极静态电流（直流）放大系数。

当共发射极放大电路接入放大信号时（有输入信号电路所处的状态也称为动

态），此时基极电流变化量ΔI_B与集电极电流变化量ΔI_C满足

$$\Delta I_C = \beta \Delta I_B \qquad (1\text{-}15)$$

式（1-15）中β为共发射极动态电流（交流）放大系数。

$\overline{\beta}$与β两者的含义虽然不同，但在小信号下，两者较为接近，计算时常认为$\overline{\beta} \approx \beta$，故在静态时$I_B$和$I_C$之间的关系也经常写成$I_C = \beta I_B$。一般$\beta$值为20～200，且$\beta$值随温度升高而增大。显然，在数值上$I_C \approx I_E \gg I_B$。这样，当$I_B$发生微小变化时，$I_C$会对应地响应较大的变化。这就是晶体管的电流放大作用，也就是通常所说的基极电流对集电极电流的控制作用。可见，晶体管属于电流控制元件。

图 1-47 的共发射极放大电路中，如果改变电阻R_B的大小，会改变基极I_B电流的大小。如果I_B大到一定程度，I_B和I_C之间不再满足$I_C = \beta I_B$的关系，即$I_C \neq \beta I_B$，这时无论如何增大I_B，I_C基本不改变，这时晶体管进入饱和状态。

3. 晶体管的伏安特性

晶体管的特性曲线是用来表示该晶体管各极电压与电流间关系的曲线，它反映出晶体管的性能，是分析放大电路的重要依据。

晶体管共发射极放大电路的特性曲线有输入特性曲线和输出特性曲线。下面以 NPN 型晶体管为例，来讨论晶体管共发射极放大电路的特性曲线。

（1）输入特性。

输入特性是当管压降u_{CE}为常数时，基极电流i_B与发射结电压u_{BE}之间的关系，其表达式为

$$i_B = f\left(u_{BE}\right)\Big|_{u_{CE}=常数} \qquad (1\text{-}16)$$

根据式（1-16）画出的曲线称为输入特性曲线，如图 1-48（a）所示。从输入特性曲线可以看出，其与二极管的伏安特性的正向曲线类似。晶体管输入特性也有一段死区，只有在发射结外加电压大于死区电压时，晶体管基极才有电流i_B。硅管的死区电压约为 0.5V，锗管不超过 0.1V。这是因为晶体管发射结正偏时可看成二极管加上正向偏置电压的缘故。因此在正常工作情况下对于 NPN 型晶体管，硅管的u_{BE}为 0.6～0.8V，锗管的u_{BE}为 0.2～0.3V。近似估算时 NPN 型晶体管，硅管可取u_{BE}为固定值$U_{BE} = 0.7V$，锗管可取u_{BE}为固定值$U_{BE} = 0.3V$。

（2）输出特性。

输出特性是当基极电流i_B为常数时，集电极电流i_C与管压降u_{CE}之间的关系，其表达式为

$$i_C = f\left(u_{CE}\right)\Big|_{i_B=常数} \qquad (1\text{-}17)$$

根据式（1-17）画出的曲线称为输出特性曲线，如图1-48（b）所示。

通常把晶体管的输出特性曲线分为三个工作区或称为三种工作状态。

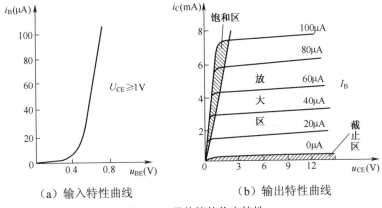

（a）输入特性曲线　　　　　　　　　（b）输出特性曲线

图 1-48　晶体管的伏安特性

① 放大区。输出特性曲线接近平行等距的水平部分称为放大区，亦称为线性区。晶体管工作在放大区时，发射结正偏，集电结反偏，I_C 与 I_B 间具有线性关系，即 $I_C = \beta I_B$。在放大电路中的晶体管必须工作在放大状态。

② 截止区。图 1-48（b）曲线中 $I_B = 0$ 以下的阴影区域，称为截止区。晶体管工作在截止状态时，发射结和集电结均反偏。由于 $I_B = 0$，在反向饱和电流可忽略的前提下，I_C 也等于 0，则晶体管集电极与发射极之间相当于开路，即相当于一个断开的电子开关。对于 NPN 型硅管，当 $U_{BE} < 0.5V$ 时，即已开始截止，但是为了截止可靠，常使 $U_{BE} \leqslant 0$。

③ 饱和区。图 1-48（b）曲线中左侧的阴影区域，称为饱和区。晶体管工作在饱和状态，集电结与发射结均正偏，$I_C < \beta I_B$。在饱和区，晶体管的管压降称为晶体管的饱和管压降 U_{CES}，其值很小，通常硅管约为 0.3V，锗管约为 0.1V，若忽略不计，则晶体管集电极与发射极之间相当于短路，即相当于一个闭合的电子开关。

例 1-4　用直流电压表测得某放大电路的三只晶体管的三个电极对地电压分别如图 1-49 所示。试指出每只晶体管的 C、B、E 极，以及类型和材料。

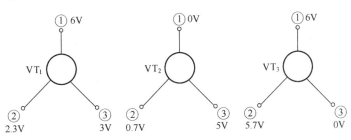

图 1-49　例 1-4 的图

解：晶体管处在放大状态时对于 NPN 型有：$V_C > V_B > V_E$；而对于 PNP 型有：$V_C < V_B < V_E$，且硅管 $|V_B - V_E|$ 约为 0.7V；锗管 $|V_B - V_E|$ 约为 0.3V。据此，可判断出：

VT_1 管：①为 C 极，②为 B 极，③为 E 极，NPN 型硅管。

VT_2 管：①为 B 极，②为 E 极，③为 C 极，NPN 型硅管。

VT_3 管：①为 E 极，②为 B 极，③为 C 极，PNP 型锗管。

例 1-5 用万用表直流电压档测得电路中晶体管（NPN 型硅管）各电极对地电位如图 1-50 所示，试判断各晶体管分别工作于什么状态（放大、饱和、截止）。

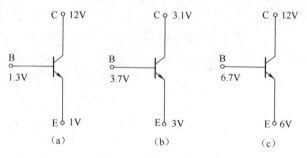

图 1-50 例 1-5 的图

解：（a）$U_{BE} = 1.3 - 1 = 0.3V$，小于硅管的死区电压 0.5V，$V_C > V_B$，集电结也反偏，故该晶体管工作于截止状态。

（b）$U_{BE} = 3.7 - 3 = 0.7V$，发射结正偏，$V_C < V_B$，集电结也正偏，故该晶体管工作于饱和状态。

（c）$U_{BE} = 6.7 - 6 = 0.7V$，发射结正偏，$V_C > V_B$，集电结反偏，故该晶体管工作于放大状态。

【思考与讨论】

如何检测一个普通晶体管的好坏及其极性？

📖**半导体器件小结：**

*半导体导电特性具有光敏性、热敏性和掺杂性的特点，其导电时电子和空穴同时参与导电，电子和空穴称为载流子。

*本征半导体中掺入五价元素（如磷 P），形成了 N 型半导体。N 型半导体中自由电子是多数载流子，空穴为少数载流子。本征半导体中掺入三价元素（如硼 B），形成了 P 型半导体。P 型半导体中空穴是多数载流子，自由电子为少数载流子。

*二极管的本质是由 P 型半导体和 N 型半导体所结合形成的 PN 结，具有单向导电特性。

*在不同条件下，二极管可用理想模型或近似模型来等效其实际伏安特性。

*晶体管的构成中包含了一个发射结和一个集电结。当晶体管处在放大状态时，发射结正偏，集电结反偏。即晶体管处在放大状态时，对于 NPN 型来说满足 $V_C > V_B > V_E$；而对于 PNP 型满足 $V_E > V_B > V_C$。

*晶体管构成共射极放大电路且晶体管处在放大状态时存在 $I_C = \beta I_B$ 的关系，即集电极电流 I_C 大小由基极电流 I_B 决定。

1.6 集成运算放大器

集成电路（Integrated Circuit，IC）是相对于分立电路而言的。分立电路是由各种单个元件联接起来的电子电路，集成电路是把整个电路的各个元件以及相互之间的联接线制作在同一块半导体芯片上，组成一个不可分割的固体组件。它与由晶体管等分立元件组成的电路比较，体积更小，重量更轻，性能更好，功耗更低，可靠性更高。

1.6.1 集成电路基础知识

自 1958 年美国德州仪器（Texas Instruments，TI）的基尔比（Jack Kilby）等研制发明了世界第一块集成电路以来，电子工业进入了集成电路的时代。集成电路从最初的小规模集成电路（Small Scale Integration，SSI）起步，先后经历了中规模集成电路（Medium Scale Integration，MSI）、大规模集成电路（Large Scale Integration，LSI）、超大规模集成电路（Very Large Scale Integration，VLSI）、巨大规模集成电路（Ultra-Large Scale Integration，ULSI）、特大规模集成电路（Great Scale Integration，GSI）和片上系统（System on Chip，SoC）等。集成电路持续地按摩尔定律增长，即集成电路中晶体管的数目每 18 个月增加一倍。每 2～3 年制造技术更新一代。半导体器件已进入到一个纳米时代，2012 年 11 月 4 日，美国 IBM 公司使用标准的主流半导体工艺，将一万多个碳纳米管打造的晶体管精确放置在了一颗芯片内，并且通过了测试。

集成电路按功能可分为模拟集成电路和数字集成电路两大类。模拟集成电路又有集成运算放大器、集成功率放大器、集成稳压器等。在模拟集成电路中，发展最早、应用最广的是集成运算放大器（简称集成运放或运放）。

集成运算放大器（Integrated Operational Amplifier）是由多级晶体管放大电路组成，具有电压放大作用的通用电子器件。它具有电压放大倍数高，输入电阻大，输出电阻小，负载驱动能力强，抗干扰能力强，可靠性高，体积小，耗电少的特点。由于最初用于数值的运算，如加、减、乘、积分等，所以被称为运算放大器。而它的应用早已不再限于运算，已经广泛应用于电子技术、计算机技术、自动控制、检测技术等领域。

集成运放的封装形式与引脚排列如图 1-51 所示。2 脚为反相输入端，即输出信号与此处的输入信号相位相反，标以"－"；3 脚为同相输入端，即输出信号与此处的输入信号相位相同，标以"+"；6 脚为输出端，输出信号。反相输入端、同相输入端和输出端对地电压分别用 u_-、u_+ 和 u_o 表示。7 脚和 4 脚分别接 $+V_{CC}$ 和 $-V_{CC}$；1 脚和 5 脚之间接电位器调零电路。

（a）金属圆壳封装的外观

（b）金属圆壳封装的引脚排列

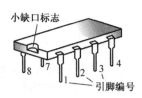

（c）双列直插封装的外观

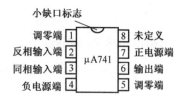

（d）双列直插封装的引脚排列

图 1-51　集成运放的封装形式与引脚排列

集成运放在电路中的符号如图 1-52 所示。（a）为国标中规定的集成运放电路符号的简化符号。（b）为国际符号，也是常用符号，也是常用符号，至今仍被很多教材采用。

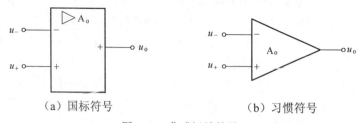

（a）国标符号　　　　　　　　　　　　（b）习惯符号

图 1-52　集成运放符号

集成运算放大器的主要参数有开环电压放大倍数 A_o、差模输入电阻 r_{id}、输出电阻 r_o 和共模抑制比 K_{CMRR}。

（1）开环电压放大倍数 A_o，它是集成运放本身不引入反馈（由输出端通过一定的外部电路接回输入端）时输出电压 u_o 与净输入电压（输入差模电压）$u_{id} = (u_+ - u_-)$的比值。即

$$A_o = \frac{u_o}{u_{id}} = \frac{u_o}{u_+ - u_-}$$

开环电压放大倍数 A_o 是决定集成运放运算精度的重要指标，A_o 越大，所构成的运算电路越稳定，运算精度也越高。通常情况下，A_o 的典型值为 $10^5 \sim 10^8$。

（2）差模输入电阻 r_{id}，指集成运放开环时，净输入电压作用下从集成运放两个输入端看过去的等效电阻。r_{id} 的大小等于净输入电压 u_{id} 与输入端的输入电流 i_{id} 之比，即

$$r_{id} = \frac{u_{id}}{i_{id}}$$

r_{id} 值越大，说明集成运放向信号源取用的电流越小，放大器输入端得到的信号电压也越大。

（3）输出电阻 r_o，用来衡量集成运放在不同负载条件下维持输出信号电压（或电流）恒定能力的强弱。r_o 越小，当负载发生较大变化时，输出信号电压变化量也越小，集成运放带负载能力越强。当 $r_o = 0$ 时，无论负载发生多大变化，输出信号电压恒定不变。

（4）共模抑制比 K_{CMRR}。共模抑制比越大，则电路抗外部干扰能力越强。

1.6.2　理想的运算放大器

电路分析中为了分析方便，常将实际运放理想化后，用理想集成运放（简称理想运放）来代替，其图形符号如图 1-53 所示。

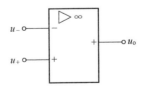

图 1-53　理想集成运放符号

理想集成运放的主要特点是：

（1）开环电压放大倍数 $A_o \to \infty$；

（2）差模输入电阻 $r_{id} \to \infty$；

（3）输出电阻 $r_o \rightarrow 0$；

（4）共模抑制比 $K_{CMRR} \rightarrow \infty$。

运算放大器的输出电压 u_o 与净输入电压 u_{id} 之间的关系称为运算放大器的电压传输特性。图 1-54 中实线所示为理想集成运放的电压传输特性，虚线部分则为实际运放的电压传输特性。它们都包括线性区和饱和区（非线性区）两部分。由于 $A_o \rightarrow \infty$，理想运放的线性区几乎与纵轴重合。

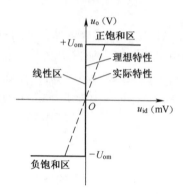

图 1-54　集成运放的电压传输特性

理想集成运放工作在线性区时，u_o 和 u_{id} 是线性关系，即

$$u_o = A_0 u_{id} = A_o(u_+ - u_-)$$

由于集成运放的开环电压放大倍数 A_o 很高，即使输入毫伏级以下的信号，也足以使输出电压饱和，其饱和值 $+U_{om}$ 或 $-U_{om}$ 接近正、负电源电压值；因此，要使运算放大器工作在线性区，必须通过外电路引入负反馈（存在反馈时，反馈信号使净输入信号减小）。有关负反馈的内容参见第 4 章。

理想集成运放工作在线性区时，有以下两个性质：

（1）由于理想集成运放的开环电压放大倍数 $A_o \rightarrow \infty$，而输出电压是一个有限的数值，故

$$u_+ - u_- = \frac{u_o}{A_o} \approx 0$$

即

$$u_+ \approx u_-$$

两个输入端之间相当于短路，但又未真正短路，故称为"虚短路"，简称"虚短"。

（2）由于理想集成运放的差模输入电阻 $r_{id} \rightarrow \infty$，从而

$$i_{id} = \frac{u_{id}}{r_{id}} \approx 0$$

故可以认为两个输入端的输入电流为零，即 $i_+ = i_- \approx 0$，两个输入端相当于断路，但又未真正断路，故称为"虚断路"，简称"虚断"。

当理想集成运放工作在饱和区时，两个输入端之间不满足"虚短"，但这时输出电压只能有两种可能，即

$$u_+ > u_- \text{ 时，} u_o = + U_{om}$$
$$u_+ < u_- \text{ 时，} u_o = - U_{om}$$

此外，集成运放工作在饱和区时，仍然满足"虚断"。

例 1-6　由理想运放所构成的电路如图 1-55 所示，求电路的输出电压 U_o。

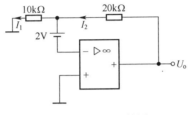

图 1-55　例 1-6 的图

解：假设流过 10kΩ 电阻和 20kΩ 电阻的电流为 I_1 和 I_2，由理想运放"虚短"的性质可知

$$u_- \approx u_+ = 0$$

则 10kΩ 电阻两端电压为 2V，电流 I_1 为

$$I_1 = \frac{2}{10} \text{mA} = 0.2 \text{mA}$$

再由理想运放"虚断"的性质可知，流入反相输入端的电流 $i_- \approx 0$，故 10kΩ 电阻和 20kΩ 电阻可近似看成串联，则 $I_2 \approx I_1$，则

$$U_o = 2 + 20 \times 0.2 = 6 \text{V}$$

集成运算放大器小结：

*集成运算放大器是由多级放大电路构成的、具有电压放大作用的集成器件，它具有电压放大倍数高，输入电阻大，输出电阻小，抗干扰能力强等优点。

*理想运算放大器具有开环电压放大倍数 $A_o \to \infty$、差模输入电阻 $r_{id} \to \infty$、输出电阻 $r_o \to 0$、共模抑制比 $K_{CMRR} \to \infty$ 等性质。

*理想运算放大器处在负反馈条件下工作在线性区，具有"虚短" $u_+ = u_-$ 和"虚断" $i_+ = i_- \approx 0$ 的性质。在饱和区时"虚短"不再满足，即 $u_+ \neq u_-$，而仍然满足"虚断"。

1.7 集成逻辑门电路

按一定逻辑规律进行运算的代数，称为逻辑代数，又称布尔代数。在逻辑代数中，逻辑变量的取值只有两种状态，分别用"1"和"0"表示。这里"1"和"0"不再表示数值的大小，而只表示两种对立状态，如开关的"开"和"闭"、电位的"高"和"低"、二极管的"通"和"断"等。在电路中，如果把高电位称为高电平并用"1"表示，而低电位称为低电平并用"0"表示，就可以用电路实现逻辑代数运算。

门电路（Gate Circuit）是输出变量与输入变量之间满足某种逻辑关系的电路。门电路如图 1-56 所示。图中 A、B 为输入变量，Y 为输出变量，只有当输入变量之间满足某种逻辑关系时，$Y=1$；否则 $Y=0$。如果把 $Y=1$ 看成电路开通，而把 $Y=0$ 看成电路

图 1-56　逻辑电路示意图

关闭，则电路具有类似"门"的作用，故称为逻辑门电路（Logic Gate Circuit），简称门电路。

门电路可分为分立元件门电路和集成门电路。由于集成电路较之分立元件而言，具有高可靠性和微型化的优点，因而应用十分广泛。本节的逻辑运算均可用集成逻辑门电路实现。

1.7.1 基本逻辑运算及其门电路

数字电路的输出状态与各输入状态之间的关系称为逻辑关系，逻辑代数中的基本运算有三种，即与（AND）、或（OR）、非（NOT），与之对应的门电路是与门（AND gate）、或门（OR gate）、非门（NOT gate）。

1. 与逻辑运算

当决定一件事情的各个条件全部具备时，这件事情才会发生，这样的因果关系称为与逻辑（逻辑乘）。图 1-57 所示的电路是一个简单的与逻辑关系，仅当开关 A 与 B 同时闭合时，灯 Y 才亮，否则灯灭。

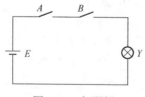

图 1-57　与逻辑

现用"1"来表示开关"闭合"及灯"亮";用"0"表示开关"断开"及灯"灭"。则开关 A、B 及灯的所有状态可用一张表格来描述。能反映输入变量所有取值及其对应输出值的表格称为真值表。由图 1-57 可以列出与逻辑的真值表如表 1-2 所示。

表 1-2　与逻辑运算真值表

A	B	Y
0	0	0
0	1	0
1	0	0
1	1	1

书写真值表时,通常将原因作为输入变量,将结果作为输出变量。

与逻辑关系还可以用逻辑函数表达式表示

$$Y = A \cdot B$$

"·"为逻辑乘的运算符号,在书写中常常略去。

由上述逻辑关系,可知与逻辑运算具有以下规律:

$$A \cdot 0 = 0$$
$$A \cdot 1 = A$$
$$A \cdot A = A$$

在逻辑电路中能实现与运算逻辑功能的电路称为与门。图 1-58(a)、(b)、(c)分别表示的是与门的国标图形符号、国外流行图形符号和曾用图形符号,注意它们的画法各不相同。本教材门电路的符号只采用国标图形符号,其他图形符号的画法参见附录。

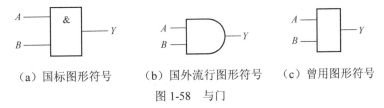

（a）国标图形符号　　　（b）国外流行图形符号　　（c）曾用图形符号

图 1-58　与门

与门常用的芯片是 74LS08,是一个双列直插封装形式的小规模集成电路,它将 4 个与门制作在同一芯片上,如图 1-59(a)所示,运用时可以从中任意挑选。芯片总共有 14 个引脚,每一个引脚都有编号和对应的功能。管脚的编号以芯片的半圆形缺口朝向左边,从左下脚开始,逆时针顺序编号。由图可看出,V_{CC}（14脚）接直流电源 5V 的正极,GND（7 脚）接地,其余引脚作为门电路输入端或输出端，整个电路封装在塑料外壳之内，如图 1-59（b）所示。

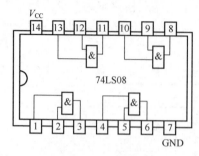

（a）功能引脚排列图   （b）外形图

图 1-59   与门集成芯片 74LS08

【思考与讨论】

如何判断集成芯片 74LS08 中门电路的好坏？

2. 或逻辑运算

在决定事物结果的诸条件中只要任何一个满足，结果就会发生，这样的因果关系称为或逻辑（逻辑加）。图 1-60 所示的电路是一个简单的或逻辑关系，灯 Y 受两个并联开关 A、B 的控制，只要 A、B 中任何一个开关闭合时，灯 Y 便亮。

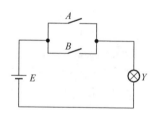

图 1-60   或逻辑

对图 1-60 所示的电路可以列出表 1-3 所示的或逻辑运算真值表。

表 1-3   或逻辑运算真值表

A	B	Y
0	0	0
0	1	1
1	0	1
1	1	1

或逻辑关系还可以用逻辑函数表达式表示

$$Y = A + B$$

或逻辑运算具有以下规律：

$$A + 0 = A$$
$$A + 1 = 1$$
$$A + A = A$$

在逻辑电路中，能实现或运算逻辑功能的电路称为或门，图 1-61 为或门的逻辑符号。

3. 非逻辑运算

只要条件具备了，结果便不会发生；而条件不具备时，结果一定发生，这样的因果关系称为非逻辑。图 1-62 所示的电路是一个简单的非逻辑关系。当开关 A 接通时，灯 Y 不亮；当开关 A 断开时，灯 Y 反而亮。

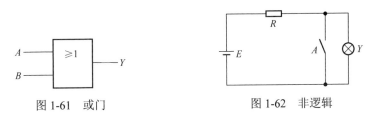

图 1-61　或门　　　　　　　　　图 1-62　非逻辑

对图 1-62 所示的电路可以列出表 1-4 所示的非逻辑运算真值表。

表 1-4　非逻辑运算真值表

A	Y
0	1
1	0

非逻辑关系还可以用逻辑函数表达式表示

$$Y = \overline{A}$$

A 通常称为原变量，$\overline{A}$ 称为反变量。

非逻辑运算具有以下规律：

$$A + \overline{A} = 1$$
$$A \cdot \overline{A} = 0$$
$$\overline{\overline{A}} = A$$

在逻辑电路中，能实现非运算逻辑功能的电路称为非门（也叫反相器）。图 1-63 为非门的逻辑符号，逻辑符号上的小圆圈表示非运算。

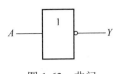

图 1-63　非门

1.7.2　复合逻辑运算及其门电路

实际的逻辑问题往往比与、或、非复杂，常用与、或、非的组合来实现与非、或非、与或非，与之对应的复合门电路有与非门（AND NOT gate）、或非门（OR NOT gate）、与或非门（AND OR NOT gate）。图 1-64 中（a）、（b）和（c）是这些复合逻辑运算的逻辑符号和逻辑函数表达式，表 1-5 和表 1-6 为与非和或非逻辑运算的真值表。

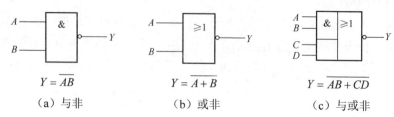

图 1-64　复合逻辑运算的逻辑符号和逻辑函数表达式

表 1-5　与非逻辑运算真值表

A	B	Y
0	0	1
0	1	1
1	0	1
1	1	0

表 1-6　或非逻辑运算真值表

A	B	Y
0	0	1
0	1	0
1	0	0
1	1	0

除了上述复合逻辑运算之外，还有异或逻辑运算也是常用的逻辑运算。异或逻辑运算的真值表为表 1-7。

表 1-7　异或逻辑运算真值表

A	B	Y
0	0	0
0	1	1
1	0	1
1	1	0

异或逻辑运算的逻辑函数表达式为

$$Y = A \oplus B = \overline{A}B + A\overline{B}$$

实现异或运算逻辑功能的电路称为异或门，其逻辑符号如图 1-65 所示。

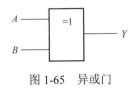

图 1-65 异或门

或门、非门、与非、或非、与或非门等其他一些逻辑门均有现成的集成芯片，在实际中，可根据需要挑选。

📠 **集成逻辑门电路小结：**

*常见的逻辑运算有与、或、非三种基本逻辑运算。由三种基本运算可以构成其他形式的复合逻辑运算。这些常见的逻辑运算对应的门电路、符号、逻辑函数表达式及真值表如表 1-8 所示。

表 1-8 常见的逻辑运算

逻辑门		与	或	非	与非	或非	异或
逻辑符号		A—&—Y B—	A—≥1—Y B—	A—1○—Y	A—&○—Y B—	A—≥1○—Y B—	A—=1—Y B—
逻辑式 输入逻辑变量		$Y = A \cdot B$	$Y = A + B$	$Y = \overline{A}$	$Y = \overline{AB}$	$Y = \overline{A + B}$	$Y = A\overline{B} + \overline{A}B$
A	B	Y	Y	Y	Y	Y	Y
0	0	0	0	1	1	1	0
0	1	0	1	1	1	0	1
1	0	0	1	0	1	0	1
1	1	1	1	0	0	0	0

1.8 应用实例：直流稳压电源

电子设备一般都需要平稳的直流电源供电，而在绝大多数情况下这种稳定的直流电源是通过对交流市电进行降压、整流、滤波和稳压后得到的。图 1-66 所示为把正弦交流电转换成直流电的直流稳压电源的原理框图，它一般由变压器、整流电路、滤波电路和稳压电路四部分组成。

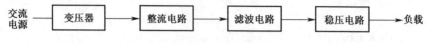

图 1-66　直流稳压电源的原理框图

在直流稳压电源中，变压器所起的作用是，将大小不合适的交流电压变换为符合用电设备所需要的大小合适的交流电压，同时保证直流电源与市电电源有良好的隔离。

整流电路是利用二极管的单向导电作用，将交流电变为直流电，常用的二极管整流电路有单相半波整流电路和单相桥式整流电路等。如图 1-67 所示为单相桥式整流电路，它由四个二极管 $VD_1 \sim VD_4$ 接成电桥形式构成。

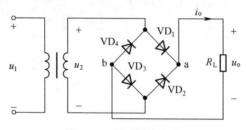

图 1-67　桥式整流电路

在 u_2 的正半周内，二极管 VD_1、VD_3 导通，VD_2、VD_4 截止；u_2 的负半周内，VD_2、VD_4 导通，VD_1、VD_3 截止。即在 u_2 的正负半周内，都有电流流过负载 R_L，且电流方向一致。桥式整流电路波形图如图 1-68 所示。

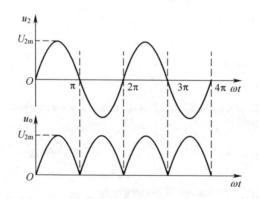

图 1-68　桥式整流电路波形图

滤波电路用于滤去整流输出电压中的纹波。为此常利用电容两端的电压不能突变和流过电感的电流不能突变的特点，将电容与负载并联或电感与负载串联，以达到使输出波形基本平滑的目的。桥式整流后接入电容滤波的电路如图1-69 所示。

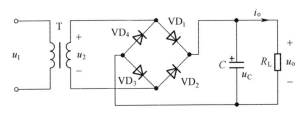

图 1-69　电容滤波

假定在 $t = 0$ 时接通电路，u_2 为正半周，当 u_2 由零上升时，VD_1、VD_3 导通，C 被充电，因此 $u_0 = u_C \approx u_2$，在 u_2 达到最大值时，u_0 也达到最大值。然后 u_2 下降，此时 $u_C > u_2$，VD_1、VD_3 截止，电容 C 向负载电阻 R_L 放电，电容电压 u_C 按指数规律缓慢下降。当 u_0 下降到一定值时，$u_2 > u_C$，VD_2、VD_4 导通，电容 C 再次被充电，输出电压增大，以后重复上述充、放电过程。其输出波形如图 1-70 所示。显然，整流电路接入滤波电容后，不仅使输出电压变得平滑、纹波显著减小，同时输出电压的平均值也增大了。

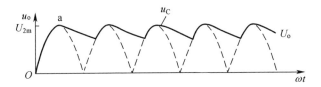

图 1-70　电容滤波后输出波形

桥式整流及电感滤波电路如图 1-71 所示，它主要适用于负载功率较大即负载电流很大的情况。

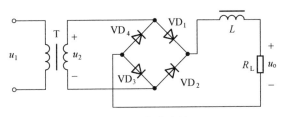

图 1-71　电感滤波

为了进一步减小负载电压中的纹波，可采用图 1-72 所示的 π 型 LC 滤波电路。在实际应用中 π 型 LC 滤波中的电感 L 也常常用电阻 R 代替，形成了 π 型 RC 滤波。

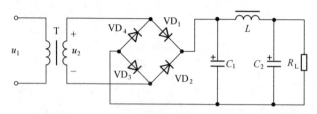

图 1-72　π 型 LC 滤波

　　整流滤波后得到的直流电压中仍然会有少量纹波成份，不能直接供给那些对电源质量要求较高的电路。为了得到输出稳定的直流电压，经整流滤波后的直流电压必须采取一定的稳压措施才能适合电子设备的需要。一种最简单的稳压电路是在整流滤波电路后接入一个由稳压二极管所构成的直流稳压电路，其电路如图 1-73 所示。

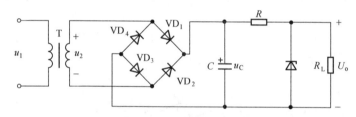

图 1-73　直流稳压电路

　　经稳压二极管构成的稳压电路稳压后，便得到了平稳的直流电源。这种稳压电路结构简单，但稳定的电压值不易调节。

1.9　辅修内容

　　光和电是不同形式的能量，二者可以相互转换。用于光、电能量或信号转换的半导体器件称为半导体光电器件。常用的光电器件有发光二极管、光电二极管、光电三极管、光敏电阻、光耦合器等。这类器件具有响应速度快、传输损耗小、抗干扰能力强等突出优点，适用于能量转换、信息传输与显示、信号传感与隔离，因而在现代电子技术中应用日趋广泛。

1.9.1　发光二极管

发光二极管是一种将电能直接转换成光能的特殊二极管，简称 LED（Light

-Emitting Diode)，其电路符号如图 1-74 所示。LED 由一个 PN 结构成，PN 结封装在透明管壳内，外形有方形、矩形和圆形等。

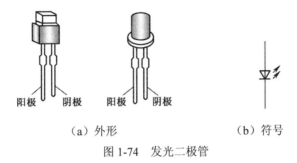

（a）外形　　　　　　　　　（b）符号

图 1-74　发光二极管

当 LED 通过正向电流时会发出一定波长的可见光，光的颜色取决于所用的材料。如磷化镓 LED 发绿光，磷砷化镓发红光或黄光，氮化镓 LED 发蓝光，碳化硅 LED 发黄光等。

发光二极管因驱动电压低、功耗小、可靠性高、价格低廉等优点，可用作显示、照明以及光电控制系统的信号光源，广泛地应用于计算机、仪器仪表、自动控制设备等。

1.9.2　光电二极管

光电二极管又称光敏二极管，是一种将光信号转换成电信号的特殊二极管。它可以用作光控元件。使用时，光电二极管应反向偏置。光电二极管的管壳上有透明聚光窗，由于 PN 结的光敏特性，当有光线照射时，光电二极管在一定的反向偏置电压范围内，其反向电流将随光照强度的增加而增加。无光照时，与普通二极管一样，反向电流很小。光电二极管的外形和符号如图 1-75 所示。

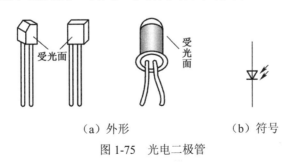

（a）外形　　　　　　　　　（b）符号

图 1-75　光电二极管

光电二极管作为光控元件可用于物体检测、光电控制、自动报警等方面。大面积的光电二极管可作为一种绿色能源，称为光电池。

1.9.3　光电三极管

双极型光敏晶体三极管俗称光电三极管，其结构与普通晶体管相似，而且也分为 NPN 型和 PNP 型两类。光电三极管的引脚有三个的，也有两个的。三引线结构中，基极可以接偏置电路，用于预调工作点；两引线结构中，聚光窗口即为基极，只能由光照进行控制。图形符号如图 1-76 所示。

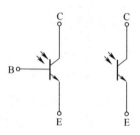

图 1-76　光电三极管

普通晶体管是用基极电流 I_B 的大小来控制集电极电流的，而光电三极管是用入射光照度的强弱来控制集电极电流的。因此，两者的输出特性曲线相似，只是用光照强度代替 I_B。

没有光照时，集电极、发射极间反向漏电流 I_{CEO} 很小，称为暗电流。有光照时的集电极电流称为光电流，一般为零点几毫安或几毫安。常用的光电三极管有 3AU、3DU 等系列。

1.9.4　光电耦合器

光电耦合器简称光耦，是发光器件和光电器件的组合，其原理示意图如图 1-77 所示。使用时将电信号送入光电耦合器输入侧的发光器件，发光器件将电信号转换成光信号，由输出侧的受光器件（光电器件）接收并再转换成电信号。由于输入与输出之间没有直接电气联系，信号传输是通过光耦合的，所以也称其为光电隔离器。

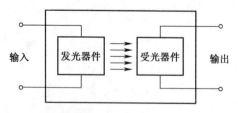

图 1-77　光电耦合器的原理示意图

　　发光器件常用发光二极管。受光器件则根据输出电路的不同要求，有光电二极管型、光电三极管型、光电复合晶体管型、光电晶闸管型和光电集成电路型等。

　　光电耦合器具有如下特点：

　　（1）光电耦合器的发光器件与受光器件互不接触，绝缘电阻很高，一般可达 $10^{10}\Omega$ 以上，并能承受 2000V 以上的高压，因此经常用来隔离强电和弱电系统。

　　（2）光电耦合器的发光二极管是电流驱动器件，输入电阻很小，而干扰源一般内阻较大，且能量很小，很难使发光二极管误动作，所以光电耦合器有极强的抗干扰能力。

　　（3）光电耦合器具有较高的信号传递速度，响应时间一般为数微秒，高速型光电耦合器的响应时间可以小于 100ns。

　　光电耦合器的用途很广，常用于信号隔离转换，脉冲系统的电平匹配，微机控制系统的输入、输出接口等。

本章小结

　　本章介绍了电路的组成和作用、电路的基本物理量，并重点介绍了电路元器件的概念及特性。

　　1. 本章要点

　　（1）电路模型是由理想电路元件构成的电路，它是实际电路在一定条件下的近似或抽象模型。

　　（2）由于电流的实际方向一般难以判别或是交变的，因此在分析电路时，需给出电压、电流的参考方向。电压、电流的参考方向可以任意假设，但在整个分析过程中不能更改。若计算出的电压或电流为正值时，则该电压或电流的参考方向与实际方向一致；反之，若计算出为负值时，则参考方向与实际方向相反。

　　（3）若元件在电路中向外提供能量或发出功率，则该元件在电路中起电源作用；若元件在电路中消耗能量或吸收功率，则该元件在电路中起负载作用。

　　当元件的电压和电流为关联参考方向时，$p=ui$ 表示的是元件吸收功率，当 $p>0$ 时，元件实际吸收功率；当 $p<0$ 时，元件吸收负功率，即实际发出功率。

　　当元件的电压和电流为非关联参考方向时，$p=ui$ 表示的是元件发出功率，当 $p>0$ 时，元件实际发出功率；当 $p<0$ 时，元件发出负功率，即实际吸收功率。

　　（4）本章介绍的无源元件有，①电阻元件，它是反映消耗电能这一电磁特性的电路元件，线性电阻的电压电流关系符合欧姆定律；②电感元件，它是反映储存磁场能量这一电磁特性的电路元件，线性电感的电压与其电流的变化律成正比；③电容元件，它是反映存储电场能量这一电磁特性的电路元件，线性电容的电流与其电压的变化律成正比。

（5）电路中的电源分为，①电压源，其两端的电压不随外接电路的变化而变化，但流过它的电流取决于外接的电路；②电流源，其提供的电流不随外接电路的变化而变化，而它两端的电压取决于外接的电路。

（6）半导体具有光敏性、热敏性和掺杂性。半导体有自由电子和空穴两种载流子参与导电。本征半导体的载流子由本征激发产生，自由电子和空穴成对出现，称为电子空穴对，其浓度随温度升高而增加。杂质半导体分为 P 型半导体和 N 型半导体。P 型半导体中的多数载流子是空穴，少数载流子是自由电子；N 型半导体中的多数载流子是自由电子，少数载流子是空穴。

（7）二极管具有单向导电性，是非线性元件，其特性用伏安特性曲线表示。在不同条件下，二极管可用理想模型或近似模型来等效。

（8）稳压二极管作为稳压元件使用时应工作在反向击穿状态。

（9）晶体管也是一种非线性元件，其基本作用是电流放大作用。晶体管在发射结正向偏置、集电结反向偏置时，可通过基极电流控制集电极电流，即 $I_C = \beta I_B$。模拟电路中，通常利用这一作用进行信号放大。在数字电路中晶体管常工作在饱和和截止状态，做电子开关使用。

（10）了解集成运放的各部分的组成和作用。掌握理想集成运放工作在线性区和饱和区的特点。

（11）掌握基本门电路及复合门电路的逻辑符号、逻辑函数表达式及真值表。

2. 本章主要概念和术语

电路模型、理想元件、参考方向、关联参考方向、发出功率、吸收功率、电源、负载、断路、短路、串联、并联、本征半导体、杂质半导体、P 型半导体、N 型半导体、空穴、自由电子、二极管、单向导电性、稳压二极管、晶体管、集成运放、门电路。

3. 本章基本要求

（1）掌握元件在电路中是发出功率还是吸收功率的判断方法。

（2）掌握电阻、电容和电感的伏安特性及电压源、电流源的性质。

（3）学会分析二极管应用电路。

（4）掌握晶体管三种工作状态的判断方法，掌握晶体管处在放大状态时的特点。

（5）掌握理想集成运放工作在线性区和饱和区的特点。

（6）熟悉基本门电路及各种复合门电路。

1-1　选择题

（1）在图 1-78 所示电路中，可判定（　　　）。

　A．2A 电流源是负载

　B．2V 电压源是电源

　C．2 V 电压源是负载

图 1-78　习题 1-1（1）图

（2）当电阻 R 上的 u、i 参考方向为非关联时，欧姆定律的表达式应为（　　　）。

　A．$u = Ri$　　　　　　　B．$u = -Ri$　　　　　　C．$u = R|i|$

（3）当温度升高时，二极管的反向电流将（　　　）。

　A．增大　　　　　　　　B．减小　　　　　　　　C．不变

（4）二极管两端正向电压大于（　　　）电压时，二极管才导通。

　A．击穿电压　　　　　　B．死区　　　　　　　　C．饱和

（5）在稳压电路中，稳压二极管工作在（　　　）。

　A．正向导通　　　　　　B．反向截止　　　　　　C．反向击穿

（6）理想运放工作在线性区时的两个重要结论是（　　　）。

　A．虚短与虚地　　　　　B．虚断与虚短　　　　　C．断路与短路

（7）逻辑函数中的逻辑"与"和它对应的逻辑代数运算关系为（　　　）。

　A．逻辑加　　　　　　　B．逻辑乘　　　　　　　C．逻辑非

（8）一个两输入端的门电路，当输入为 1 和 0 时，输出不是 1 的门是（　　　）。

　A．与非门　　　　　　　B．或门　　　　　　　　C．或非门

1-2　填空题

（1）常见的无源电路元件有＿＿＿＿＿、＿＿＿＿＿和＿＿＿＿＿；常见的有源电路元件有＿＿＿＿＿和＿＿＿＿＿。

（2）电流沿电压降低的方向取向称为＿＿＿＿＿方向，这种方向下计算的功率为正值时，说明元件＿＿＿＿＿电能；电流沿电压升高的方向取向称为＿＿＿＿＿方向，这种方向下计算的功率为正值时，说明元件＿＿＿＿＿电能。

（3）杂质半导体有＿＿＿＿＿型和＿＿＿＿＿型两种。

（4）二极管的类型按材料分为＿＿＿＿＿和＿＿＿＿＿两类。

（5）二极管加正向电压是指 P 区接电源的＿＿＿＿＿极，N 区接电源的＿＿＿＿＿极。

（6）晶体管的三个工作区分别为＿＿＿＿＿、＿＿＿＿＿和＿＿＿＿＿。在放大电路中，晶体管通常工作在＿＿＿＿＿区。

（7）晶体管工作在放大状态下，发射结应该处于_____偏置，集电结应该处于_____偏置。

（8）测得放大电路中晶体管上各电极对地电位分别为 $V_1 = 2.1\text{V}$，$V_2 = 2.8\text{V}$，$V_3 = 4.4\text{V}$，说明此晶体管为_____型_____管，1 为_____极，2 为_____极，3 为_____极。

（9）理想运算放大器的开环电压放大倍数为_____，输入电阻为_____，输出电阻为_____。

1-3　在图 1-79 所示的电路中，已知 $U_S = 2\text{V}$，$I_S = 2\text{A}$，试问哪个元件提供电功率？

1-4　照明电路中火线对地线的电压 $U = 220\text{V}$。电路检修时，穿上绝缘胶鞋，可操作自如不会触电。设人体电阻 $R_1 = 1\text{k}\Omega$，胶鞋电阻 $R_2 = 210\text{k}\Omega$，求加在人体上的电压 U_1。

1-5　有一盏"220V、60W"的电灯。

（1）试求电灯的电阻；

（2）当接到 220V 电压下工作时的电流；

（3）如果每晚用 3 小时，问一个月（按 30 天计算）用多少电？

1-6　设图 1-80 所示电路中的电源额定功率 $P_N = 22\text{kW}$，额定电压 $U_N = 220\text{V}$，内阻 $R_0 = 0.2\Omega$，R 为可调节的负载电阻。求：

（1）电源的额定电流 I_N；

（2）电源开路电压 U_{oc}；

（3）电源在额定工作情况下的负载电阻 R_N；

（4）负载发生短路时的短路电流 I_{SC}。

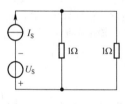

图 1-79　习题 1-3 的图

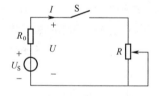

图 1-80　习题 1-6 的图

1-7　在图 1-81 的各电路中，$E = 5\text{V}$，$u_i = 10\sin\omega t$ V，二极管的正向压降可忽略不计。试分别画出输出电压 u_o 的波形。

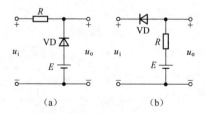

（a）　　　　　　　（b）

图 1-81　习题 1-7 的图

1-8　设二极管的正向导通电压为 0.7V,试判断如图 1-82 所示各电路中二极管的工作状态,并求出各电路输出电压值。

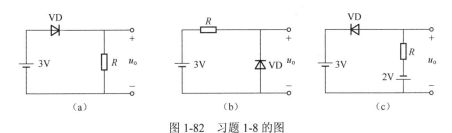

图 1-82　习题 1-8 的图

1-9　图 1-83 是用通用万用表的欧姆档检测二极管的好坏和极性的电路,$R \times 1\Omega$ 档电流太大,$R \times 10k\Omega$ 档电压太大,选择 $R \times 1k\Omega$ 档比较合适。表上表笔插孔标注的正、负与表内电池的极性相反,即红表笔实际接内电池的负极,黑表笔实际接正极。按图接入二极管测得正向电阻,再反向测得反向电阻,并按表 1-9 所示的表格进行填空。

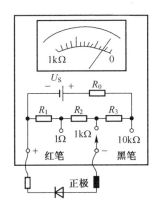

图 1-83　习题 1-9 的图

表 1-9　习题 1-9 的表格

测得的正、反向电阻值	二极管的好坏	理由
正向电阻小,反向电阻大	二极管是（　　）的	
正、反向电阻都小	二极管是（　　）的	
正、反向电阻都大	二极管是（　　）的	

1-10　在放大电路中测得晶体管的各级电流分别如图 1-84 所示。求另一个电极的电流,并在图中标出其实际方向以及各电极 E、B、C。试分别判断晶体管的类型。

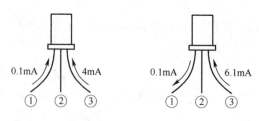

图 1-84　习题 1-10 的图

1-11　测得晶体管各电极的对地电压如图 1-85 所示，试分别判断各晶体管的工作状态。

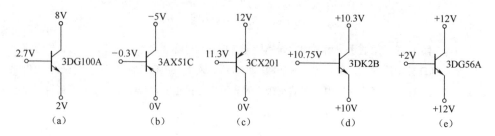

图 1-85　习题 1-11 的图

1-12　有两个稳压管 D_{Z1} 和 D_{Z2}，其稳定电压分别是 5.5V 和 8.5V，正向压降都是 0.5V。如果要得到 0.5V、3V、6V、9V 和 14V 几种稳定电压，这两个稳压管（还有限流电阻）应该如何连接？画出各电路。

1-13　在图 1-86 中，晶体管 VT_1、VT_2、VT_3 的三个电极上的电流分别为：

（1）$I_1 = 0.01\text{mA}$　　$I_2 = 2\text{mA}$　　$I_3 = -2.01\text{mA}$

（2）$I_1 = 2\text{mA}$　　$I_2 = -0.02\text{mA}$　　$I_3 = -1.98\text{mA}$

（3）$I_1 = -3\text{mA}$　　$I_2 = 3.03\text{mA}$　　$I_3 = -0.03\text{mA}$

试指出每只晶体管的 B、C、E 极。并判断晶体管的类型。

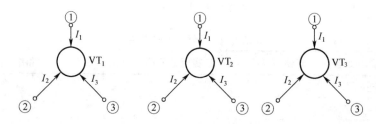

图 1-86　习题 1-13 的图

1-14　测得晶体管在放大电路中各点电位如图 1-87 所示，试标出晶体管的基极、集电极和发射极，并判断晶体管的材料和类型。

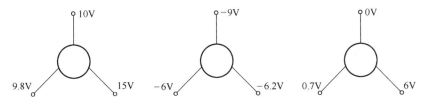

图 1-87 习题 1-14 的图

1-15 图1-88为理想运放构成的电路，求电路的输出电压U_o。

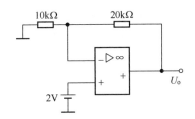

图 1-88 习题 1-15 的图

1-16 图 1-89 中哪些电路能实现$F = \bar{A}$？

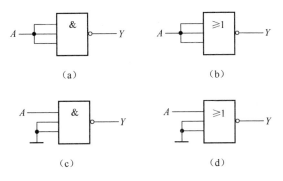

图 1-89 习题 1-16 的图

第 2 章　电路基本定律及分析方法

内容提要

  本章首先介绍电路的基本定律——基尔霍夫定律，然后介绍电路基本的分析方法：支路电流法、叠加定理、戴维宁定理以及应用这些定理定律对直流电路进行分析与计算。

2.1　基尔霍夫定律

  【问题引导】电路元件除了满足自身伏安关系之外，在一个复杂电路中还受其他条件约束吗？

  在电路分析中，电路中每个元件都既有电压又有电流。分析电路的目的，就是求解每个元件的电压和电流，并在此基础上，分析每个元件吸收或发出的功率。但是，对于一个结构和参数都给定了的电路而言，只知道每个元件本身电压和电流的约束关系（Voltage Current Relation，VCR）是不够的。在电路中，所有电流之间和所有电压之间由于元件的相互联接而带来一定的约束关系，这种约束称为"拓扑"约束，这类约束由基尔霍夫定律来体现。

  从 19 世纪 40 年代，由于电气技术发展十分迅速，电路变得愈来愈复杂，使得电路的分析和计算不能通过对电路作串、并联等其他传统的等效变换方法来解决。1845 年，刚从德国哥尼斯堡大学毕业，年仅 21 岁的德国物理学家基尔霍夫（Kirchhoff，1824～1887）在他的第 1 篇论文中提出了著名的基尔霍夫电流定律和基尔霍夫电压定律。这两个定律的提出成功地解决了当时电气技术上存在的许多难题，因此是求解复杂电路的电学基本定律，它们与欧姆定律一起并称为电学的三大基本定律。

  为了说明基尔霍夫定律，首先介绍支路（Branch）、结点（Node）和回路（Loop）的概念。

  电路中的每一条分支叫做支路，一条支路流过一个电流，称为支路电流。支路可以由单个元件构成，也可由若干个元件的串联组合而成。图 2-1 所示的电路，有 acb（u_{S1} 和 R_1 的串联组合）、ab（R_3）、adb（u_{S2} 和 R_2 的串联组合）三条支路。

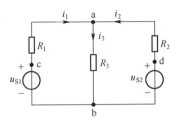

图 2-1 电路举例

电路中三条或三条以上的支路相联接的点称为结点，如图 2-1 所示的电路中共有两个结点：a 和 b。

电路中任一闭合路径称为回路，如图 2-1 所示的电路中 acba、abda 和 acbda。

内部不含支路的回路称为网孔。如图 2-1 所示的电路中 acba 和 abda 是网孔，而 acbda 则不是网孔，它内部含有支路 ab。

2.1.1 基尔霍夫电流定律

基尔霍夫电流定律（Kirchhoff's Current Law，KCL），是用来确定联接在同一结点上各支路电流之间相互关系的基本定律。内容是：由于电流的连续性，在任一时刻，流入任一结点的电流之和必定等于流出该结点的电流之和。

在图 2-1 所示的电路中，对结点 a 有

$$i_1 + i_2 = i_3 \tag{2-1}$$

或将式（2-1）改写成

$$i_1 + i_2 - i_3 = 0$$

即

$$\sum i = 0$$

所以，如果规定参考方向流入结点的电流取正号，则流出结点的电流取负号，反之亦可。则 KCL 还可以表述为：在任一时刻，任一结点上电流的代数和恒等于零。

基尔霍夫电流定律不仅适用于任一结点，还可推广应用于任意的、由一闭合面包围的部分电路。例如，图 2-2 所示的三角形电路用闭合面包围起来，构成一个所谓的广义结点，则有

$$I_A + I_B + I_C = 0$$

基尔霍夫电流定律表明了电流的连续性，它是电荷守恒的体现。

例 2-1 在图 2-1 所示的电路中，$i_1 = 5A$，$i_3 = 2A$，试求 i_2。

解： 根据 KCL 可列出

$$i_1 + i_2 - i_3 = 0$$
$$5 + i_2 - 2 = 0$$

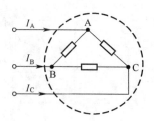

图 2-2　KCL 的推广应用

则

$$i_2 = -3\text{A}$$

即电流 i_2 的大小为 3A，而实际方向与参考方向相反。

2.1.2　基尔霍夫电压定律

基尔霍夫电压定律（Kirchhoff's Voltage Law，KVL），是用来确定电路中任一回路中各段电压之间相互关系的基本定律。内容是：若在任一时刻，从回路中任意点出发，以顺时针方向或逆时针方向沿回路绕行一周，则该回路中与回路绕行方向一致的电压（电位降）之和，必定等于与回路绕行方向相反的电压（电位升）之和。

例如，图 2-3 所示为某电路中的一个回路，沿顺时针方向绕行一周，由基尔霍夫电压定律，得

$$u_1 = u_2 + u_3 + u_4 \tag{2-2}$$

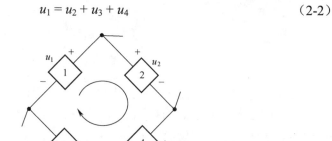

图 2-3　基尔霍夫电压定律（KVL）

式（2-2）可改写为

$$u_2 + u_3 + u_4 - u_1 = 0$$

即

$$\sum u = 0$$

　　即如果规定电压的参考方向与回路的绕行方向一致取正号，不一致取负号。

则在任一时刻，沿任一回路绕行一周（顺时针方向或
逆时针方向），回路中各段电压的代数和恒等于零。

　　基尔霍夫电压定律不仅应用于闭合回路，也可以
推广应用于回路的部分电路。例如，对图 2-4 所示的
电路可列出

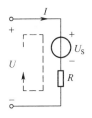

$$U_S + IR - U = 0$$

或

图 2-4　KVL 的推广应用

$$U = U_S + IR$$

基尔霍夫电压定律表明两点间的电压与路径无关。

　　应该指出，基尔霍夫的两个定律具有普遍性，它们适用于由各种不同的元件
所构成的电路，也适用于任一瞬时任何变化的电压和电流。

　　列方程时，不论是应用基尔霍夫定律还是欧姆定律，首先都要在电路图上标
出电压、电流的参考方向。如果参考方向选的相反，则计算结果会相差一个负号。

　　例 2-2　试求出图 2-5（a）所示电路中的电流 I 和图 2-5（b）所示电路中的
电压 U。

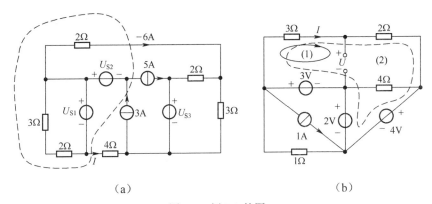

（a）　　　　　　　　　　　　　　　（b）

图 2-5　例 2-2 的图

　　解： 对图 2-5（a）中闭合面列 KCL 方程，可得

$$I + 5 + (-6) = 3$$

故

$$I = 4A$$

　　在图 2-5（b）中，按图中给出的电压、电流的参考方向及回路的绕行方向，
对回路（1）和回路（2）列出 KVL 方程，有

$$U + 3I - 3 = 0$$

$$(2 + 3)I + 4 - 2 - 3 = 0$$

故 $I = 0.2A$
                                             $U = 2.4V$

📄**基尔霍夫定律小结：**

 * 基尔霍夫电流定律（KCL）：在任一时刻，流入任一结点的电流之和必定等于流出该结点的电流之和。

 *基尔霍夫电流定律推广：适用于广义结点（任一闭合曲面）。

 *基尔霍夫电压定律（KVL）：任一时刻，沿任一回路绕行一周（顺时针方向或逆时针方向），回路中各段电压的代数和恒等于零，即 $\sum u = 0$。取符号时，如果电压的参考方向与回路的绕行方向一致取正号，不一致取负号。

 *基尔霍夫电压定律推广：适用于回路的部分电路。

2.2 支路电流法

支路电流法（Branch-Current Method）是求解复杂电路最基本的方法，它是以支路电流为求解对象，直接应用基尔霍夫电流定律（KCL）和基尔霍夫电压定律（KVL），分别对结点和回路列出所需的方程组，从而解出各未知的支路电流。

现以图 2-6 为例，给出应用支路电流法求解电路的基本步骤。

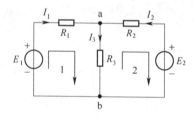

图 2-6 支路电流分析法

（1）分析电路图，确定支路数，在图中标出各支路电流的参考方向，对选定的回路标出回路绕行方向。

在图 2-6 所示的电路中，有 3 条支路，即有 3 个待求电流，所以要列出 3 个独立方程。

（2）确定结点数，应用 KCL 列出(n–1)个独立的结点电流方程。

在图 2-6 中，有 a 和 b 两个结点。应用 KCL 列出的结点电流方程如下：

对结点 a： $I_1 + I_2 - I_3 = 0$

对结点 b： $\qquad -I_1 - I_2 + I_3 = 0$

可见，结点 a 和结点 b 的结点电流方程完全相同，这说明只有一个方程是独立的。通常，对于具有 n 个结点的电路，应用 KCL 只能列出 $(n-1)$ 个独立方程。

（3）应用 KVL 列出 $b - (n-1)$ 个独立的回路电压方程。

如前所述，图 2-6 有 3 条支路，而应用 KCL 只能列出一个独立的结点电流方程，剩下的两个方程可应用 KVL 列出。对于具有 n 个结点，b 条支路的电路，其独立的回路电压方程为 $b - (n-1)$ 个，刚好等于网孔数。通常取网孔作为独立回路。

对网孔 1： $R_1 I_1 + R_3 I_3 = E_1$

对网孔 2： $R_2 I_2 + R_3 I_3 = E_2$

（4）联立求解各个方程，求出各支路电流。

应用 KCL 和 KVL 一共可列出 $(n-1) + [b - (n-1)] = b$ 个独立方程，所以能解出 b 个支路电流。

例 2-3 试求出图 2-7 所示电路中的各支路电流。

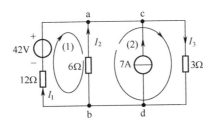

图 2-7 例 2-3 的图

解：将各支路和结点标于图中。当不需求 a、c 和 b、d 间的电流时，a 与 c、b 与 d 可分别看成一个结点。

（1）应用 KCL 列结点电流方程

对结点 a： $I_1 + I_2 - I_3 + 7 = 0$

（2）应用 KVL 列回路电压方程

对回路 1： $12I_1 - 6I_2 = 42$

对回路 2： $6I_2 + 3I_3 = 0$

（3）联立解得： $I_1 = 2\text{A}$，$I_2 = -3\text{A}$，$I_3 = 6\text{A}$。

2.3 叠加定理

叠加定理（Superposition Theorem）是线性电路的一个重要定理。不论是进行电路分析还是推导电路中其他电路定理，它都起着十分重要的作用。

现在用图 2-8 说明叠加定理。设图 2-8（a）所示电路中的 u_S、i_S、R_1 和 R_2 已知，求电压 u_1 和电流 i_2。

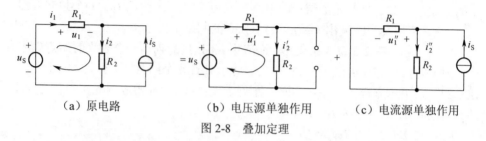

（a）原电路　　　　　（b）电压源单独作用　　　　（c）电流源单独作用

图 2-8　叠加定理

对图 2-8（a）所示电路应用支路电流法及元件的 VCR，可以列出以下三个方程。

对上结点由 KCL 得

$$i_1 - i_2 + i_S = 0$$

对左网孔由 KVL 得

$$u_1 + i_2 R_2 - u_S = 0$$

对 R_1 由欧姆定律得

$$u_1 = i_1 R_1$$

联立求解，得

$$\left. \begin{aligned} u_1 &= \frac{R_1}{R_1 + R_2} u_S - \frac{R_1 R_2}{R_1 + R_2} i_S \\ i_2 &= \frac{1}{R_1 + R_2} u_S + \frac{R_1}{R_1 + R_2} i_S \end{aligned} \right\} \tag{2-3}$$

式（2-3）中，u_1、i_2 都分别是 u_S 和 i_S 的线性组合。可将它们改写为

$$\left. \begin{aligned} u_1 &= u_1' - u_1'' \\ i_2 &= i_2' + i_2'' \end{aligned} \right\}$$

其中

$$u_1' = \frac{R_1}{R_1 + R_2} u_S \bigg|_{i_S = 0} \qquad\qquad u_1'' = \frac{R_1 R_2}{R_1 + R_2} i_S \bigg|_{u_S = 0}$$

$$i_2' = \frac{1}{R_1 + R_2} u_S \bigg|_{i_S = 0} \qquad\qquad i_2'' = \frac{R_1}{R_1 + R_2} i_S \bigg|_{u_S = 0}$$

其中 u_1' 与 i_2' 是将图 2-8（a）所示电路中独立电流源 i_S 置零（即 i_S 开路）时，由独立电压源 u_S 单独作用的分电路中所产生的电压、电流，如图 2-8（b）所示；u_1'' 与 i_2'' 是将图 2-8（a）所示电路中独立电压源 u_S 置零（即 u_S 短路）时，由独立电流

源 i_s 单独作用的分电路中所产生的电压、电流，如图 2-8（c）所示，因为 u_1'' 的参考方向和 u_1 的参考方向相反，所以带负号。可见，图 2-8（a）所示电路的响应等于相应分电路，即图 2-8（b）所示电路和图 2-8（c）所示电路中的响应的代数和。这就是叠加定理。

叠加定理可表述为：在含有多个独立电源的线性电路中，任意一条支路的电流或电压等于电路中各个电源分别单独作用时在该支路中产生的电流或电压的代数和。

显然，利用叠加定理便可以将一个含有多个电源元件的复杂电路简化成若干个只含一个电源元件的简单电路。

应用叠加定理分析电路时，必须注意以下几个方面的问题：

（1）叠加原理只适用于线性电路，不适用于非线性电路。

（2）在叠加的分电路中，不作用的电压源置零（$U_S = 0$），即在电压源处用短路替代；不作用的电流源置零（$I_S = 0$），即在电流源处用开路替代。电路中所有的电阻和受控源都保留不予更动。

（3）解题时要标明各支路电流、电压的参考方向。若分电流、分电压与原电路中电流、电压的参考方向相反时，叠加时相应项前要带负号。

（4）线性电路中的电流和电压是电源的一次线性函数，可以叠加，但由于功率是电压与电流的乘积不是电源的一次函数，所以功率不能直接用叠加定理计算。

例 2-4　电路如图 2-9（a）所示，已知 $E = 10V$、$I_S = 1A$，$R_1 = 10\Omega$，$R_2 = R_3 = 5\Omega$，试用叠加原理求流过 R_2 的电流 I_2 和理想电流电源 I_S 两端的电压 U_S。

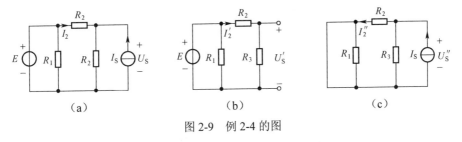

（a）　　　　　　　　　　（b）　　　　　　　　　　（c）

图 2-9　例 2-4 的图

解：（1）电压源 E 单独作用的电路如图 2-9（b）所示，由图求得

$$I_2' = \frac{E}{R_2 + R_3} = \frac{10}{5+5}A = 1A$$

$$U_S' = I_2'R_3 = 1 \times 5V = 5V$$

（2）电流源 I_S 单独作用的电路如图 2-9（c）所示，由图求得

$$I_2'' = \frac{R_3}{R_2 + R_3}I_S = \frac{5}{5+5} \times 1 = 0.5A$$

$$U_S'' = I_2'' R_2 = 0.5 \times 5\text{V} = 2.5\text{V}$$

$\therefore$
$$I_2 = I_2' - I_2'' = 1\text{A} - 0.5\text{A} = 0.5\text{A}$$
$$U_S = U_S' + U_S'' = 5\text{V} + 2.5\text{V} = 7.5\text{V}$$

【思考与讨论】

在有两个电源的电路中，某个元件上的电压为 U，如果其中一个电源变化了 k_1 倍，另一个电源变化了 k_2 倍，则 U 将如何变化？

2.4　戴维宁定理

【问题引导】 对于复杂电路的分析，除了用支路电流法和叠加定理外，是否还有其他方法可以简化电路？

在分析计算复杂的电路时，若只求该电路中某一条支路的电压或电流，则可将该支路从电路中分离出来，而将电路的其余部分用一个电源等效替代。如图 2-10（a）中虚线所包围部分，如果用图 2-10（b）中虚线所包围部分替代，就可以将复杂电路简化为单回路电路以便求解。应用戴维宁定理就能求得这种有源（或含源）二端网络的等效电源。

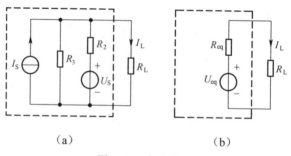

(a)　　　　　　　　(b)

图 2-10　电路等效

图 2-10（a）中虚线所包围的电路部分具有两个引线端，又含有独立电源，故称为有源（或含源）二端网络；若不含电源，则称为无源二端网络，线性无源二端网络可以用一个电阻等效替代。

戴维宁定理（Thevenin's theorem）表述：任何一个线性有源二端网络 N_S，如图 2-11（a）所示，对外电路来说，可以用一个电压源与电阻的串联组合来等效替代，如图 2-11（b）所示，此电压源的电压等于网络 N_S 在端口处断开时的开路电压 u_{oc}，如图 2-11（c）所示，而电阻等于该二端网络中所有电源置零（即电压源短路，电流源开路）后，在端口处得到的等效电阻 R_{eq}，如图 2-11（d）所示。

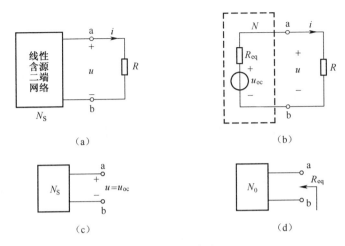

（a）　　　　　　　　　　　　　（b）

（c）　　　　　　　　　　　　　（d）

图 2-11　戴维宁定理

应用戴维宁定理进行电路分析时，要注意：

（1）戴维宁定理只适用于线性电路，而不适用于非线性电路。

（2）图 2-11（b）中戴维宁等效电路中电压源的方向与图 2-11（c）中的开路电压 u_{oc} 的方向一致。

例 2-5　电路如图 2-12（a）所示，已知：$R_1 = R_2 = R_3 = 1\Omega$，$R_4 = 2\Omega$，$R_5 = 1\Omega$，$U_S = 6V$，试用戴维宁定理求电流 I_5。

解：移去电阻 R_5 所在支路，如图 2-12（b）所示。

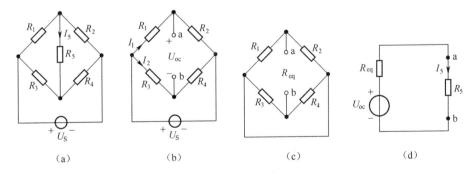

（a）　　　　　　　（b）　　　　　　　（c）　　　　　　　（d）

图 2-12　例 2-5 的图

（1）求开路电压 U_{oc}。

由图 2-12（b）可以看出 R_1 和 R_2，R_3 和 R_4 分别是串联的，可求出

$$I_1 = \frac{U_S}{R_1 + R_2} = \frac{6}{1+1} = 3A$$

$$I_2 = \frac{U_S}{R_3 + R_4} = \frac{6}{1+2} = 2A$$

故

$$U_{oc} = I_1 R_2 - I_2 R_4 = -1V$$

（2）求等效电阻 R_{eq}。

令电压源电压为零，得到图 2-12（c）所示电路，由图得

$$R_{eq} = \frac{R_1 R_2}{R_1 + R_2} + \frac{R_3 R_4}{R_3 + R_4} = \frac{7}{6}\Omega$$

（3）画出戴维宁等效电路，如图 2-12（d）所示，则

$$I_5 = \frac{U_{oc}}{R_{eq} + R_5} = -\frac{6}{13}A$$

例 2-6　求图 2-13 所示电路中的电流 I。已知 $R_1 = R_3 = 2\Omega$，$R_2 = 5\Omega$，$R_4 = 8\Omega$，$R_5 = 14\Omega$，$U_{S1} = 8V$，$U_{S2} = 5V$，$I_S = 3A$。

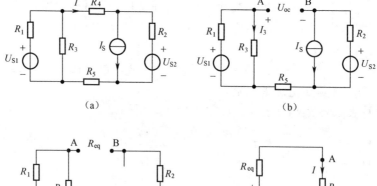

（a）　　　　　　　　　　　　　　（b）

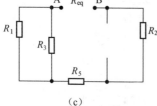　　　　　　　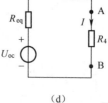

（c）　　　　　　　　　　　　　　（d）

图 2-13　例 2-6 的图

解： 移去电阻 R_4 所在支路，得图 2-13（b）。

（1）求开路电压 U_{oc}。

由图 2-13（b）得

$$I_3 = \frac{U_{S1}}{R_1 + R_3} = 2A$$

$$U_{oc} = I_3 R_3 - U_{S2} + I_S R_2 = 14V$$

（2）求等效电阻 R_{eq}。

将电压源短路，电流源开路，得到图 2-13（c）所示电路。故

$$R_{eq} = \frac{R_1 R_3}{R_1 + R_3} + R_5 + R_2 = 20\Omega$$

（3）画出戴维宁等效电路，如图 2-13（d）所示，则

$$I = \frac{U_{oc}}{R_{eq} + R_4} = 0.5A$$

戴维宁定理小结：

* 戴维宁定理：任何一个线性有源二端网络，对外电路来说，可以用一个电压源和一个电阻的串联组合来等效替代。此电压源的电压等于网络在端口处断开时的开路电压 u_{oc}，而电阻等于该二端网络中所有电源置零（即电压源短路，电流源开路）后的等效电阻 R_{eq}。

* 应用戴维宁定理求解和分析电路的一般步骤：

第一步，移去待求支路，使剩下的电路成为一个有源二端网络。

第二步，求有源二端网络的开路电压 u_{oc} 和等效电阻 R_{eq}，得到戴维宁等效电源模型。

第三步，将移去的支路重新接入戴维宁等效电源模型，得到原电路的等效电路。

第四步，在等效电路中求出待求量。

2.5　应用实例：惠斯登电桥测温电路

惠斯登电桥最常见的应用是测量电阻。除此之外，惠斯登电桥还可以与不同类型的传感器一起用于其他物理量的测量，例如流量、温度、压力等，因此在自动控制技术中也有着非常广泛的应用。

惠斯登电桥测量温度的电路如图 2-14 所示，四个电阻所在支路构成了桥臂，其中 R_T 为热敏电阻。中间支路是具有内阻 R_0 的检流计。如果在某一温度 t_0 时，电桥达到了平衡，这时电桥输出电压 $U_{ab} = 0$，流过检流计的电流 $I_{ab} = 0$，检流计的读数为零。

电桥达到平衡时

$$U_{ab} = \frac{R_2}{R_1 + R_2} U_S - \frac{R_3}{R_T + R_3} U_S = 0$$

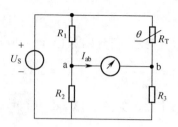

图 2-14　惠斯登电桥测温电路

故推导出

$$R_1 R_3 = R_2 R_T$$

当温度发生变化时，R_T 大小也发生了改变，这时电桥不再平衡，电桥输出电压 $U_{ab} \neq 0$，流过检流计的电流 $I_{ab} \neq 0$，检流计的读数不为零。

电流 I_{ab} 的大小可利用戴维宁定理求出。假如温度发生变化时，相对于温度 t_0，热敏电阻的变化量为 ΔR_T，即此时热敏电阻的电阻值为 $R_T + \Delta R_T$。将图 2-14 中间支路断开，得到如图 2-15 所示的有源二端网络。

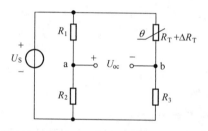

图 2-15　有源二端网络

有源二端网络开路电压 U_{oc} 为

$$U_{oc} = \frac{R_2}{R_1 + R_2} U_S - \frac{R_3}{R_T + \Delta R_T + R_3} U_S$$

再将图 2-15 有源二端网络中的电源置零，得到如图 2-16 所示的除源后的无源二端网络。可求出无源二端网络的等效电阻为

$$R_{eq} = R_1 // R_2 + R_3 //(R_T + \Delta R_T)$$

$$= \frac{R_1 R_2}{R_1 + R_2} + \frac{R_3 R_T + R_3 \Delta R_T}{R_T + \Delta R_T + R_3}$$

最后得到了图 2-17 的戴维宁等效电路。

由等效电路，可求出流过检流计的电流大小为

$$I_{ab} = \frac{U_{oc}}{R_{eq} + R_o}$$

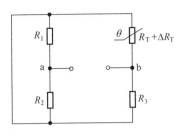

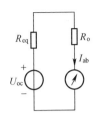

图 2-16　除源后的二端网络　　　　　图 2-17　等效电路

电流计的读数反映了温度偏离温度 t_0 的变化量。如果加上一定的算法，则可把这个电流计的大小转换成温度值。

2.6　辅修内容

2.6.1　结点电压法

在电路中任选电路中某一结点为零电位参考点（用⊥表示），其他各结点对参考点的电压称为结点电压。结点电压的参考方向从结点指向参考结点。

结点电压法：以结点电压为未知量，应用基尔霍夫电流定律（KCL）列出各结点电压方程，然后求出各支路的电流或电压。

在图 2-18 所示电路中，共有三个结点，选择结点 c 作为参考结点，结点 a 和结点 b 对参考点的电压分别为结点电压 U_a 和 U_b，根据 a、b 两点的结点电流方程，分别建立 a、b 两点的电压方程。

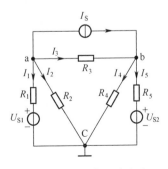

图 2-18　结点电压法电路

根据 KCL 列出 a、b 两结点的电流方程：

a 点：
$$I_1 + I_2 + I_3 = -I_S$$

b 点：　　　　　　　　　$-I_3 + I_4 + I_5 = I_S$

又由 KVL，得

$$U_a = I_1 R_1 + U_{S1}, \qquad U_a = R_2 I_2$$

$$U_a - U_b = R_3 I_3, \qquad U_b = R_4 I_4$$

$$U_b = R_5 I_5 + U_{S2}$$

将各支路电流用结点电压 U_a 和 U_b 表示，即

$$I_1 = \frac{U_a - U_{S1}}{R_1}, \qquad I_2 = \frac{U_a}{R_2}$$

$$I_3 = \frac{U_a - U_b}{R_3}, \qquad I_4 = \frac{U_b}{R_4}$$

$$I_5 = \frac{U_b - U_{S2}}{R_5}$$

将以上各式代入电流方程，得：

a 点：　　　　　$\dfrac{U_a - U_{S1}}{R_1} + \dfrac{U_a}{R_2} + \dfrac{U_a - U_b}{R_3} = -I_S$

b 点：　　　　　$-\dfrac{U_a - U_b}{R_3} + \dfrac{U_b}{R_4} + \dfrac{U_b - U_{S2}}{R_5} = I_S$

经整理后可得：

$$\left(\frac{1}{R_1} + \frac{1}{R_2} + \frac{1}{R_3} \right) U_a - \frac{1}{R_3} U_b = \frac{U_{S1}}{R_1} - I_S$$

$$-\frac{1}{R_3} U_a + \left(\frac{1}{R_3} + \frac{1}{R_4} + \frac{1}{R_5} \right) U_b = \frac{U_{S2}}{R_5} + I_S$$

以上就是以结点电压 U_a 和 U_b 为未知量的结点电压方程。
结点电压法适用于支路数较多，结点数较少的电路。

2.6.2　弥尔曼定理

对图 2-19 所示两结点电路列结点电压方程。选择 b 点为参考点，a 点结点电压为 U_a。各支路电流参考方向如图 2-19 所示，对结点 a 列 KCL 方程，有

$$-I_1 - I_2 + I_3 + I_4 = 0$$

由欧姆定律和 KVL 可将上式改写成结点电压表示的形式，即

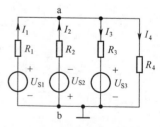

图 2-19　两结点电路

$$-\frac{U_{S1} - U_a}{R_1} - \frac{-U_{S2} - U_a}{R_2} + \frac{U_a - U_{S3}}{R_3} + \frac{U_a}{R_4} = 0$$

经整理后可得

$$U_a = \frac{\dfrac{U_{S1}}{R_1} - \dfrac{U_{S2}}{R_2} + \dfrac{U_{S3}}{R_3}}{\dfrac{1}{R_1} + \dfrac{1}{R_2} + \dfrac{1}{R_3} + \dfrac{1}{R_4}}$$

可见，当支路多但结点只有两个时，采用结点电压法分析电路最为简单，它只需列一个方程就可以求解。其一般式为

$$U_a = \frac{\sum \dfrac{U_S}{R}}{\sum \dfrac{1}{R}} \tag{2-4}$$

式（2-4）常被称为弥尔曼定理，式中分母各项恒为正；分子各项可能为正，也可能为负。由本例可看出：凡是电源电压参考方向与结点电压参考方向一致取正号，反之取负号。

 本章小结

本章介绍了电路的基本定律和电路的一般分析方法。

1. 本章要点

（1）基尔霍夫定律是分析电路的基本定律，它包括基尔霍夫电流定律（KCL）和基尔霍夫电压定律（KVL），在标注参考方向后，KCL 与 KVL 可分别用公式 $\sum i = 0$ 和 $\sum u = 0$ 表示。

（2）支路电流法是电路分析中最基本的方法之一，它是以支路电流为未知量，应用基尔霍夫定律（KCL、KVL）列方程组求解电路的。在应用支路电流法分析电路时，一定要标出各支路电流的参考方向，并对选定的回路标出回路的绕行方向；对于具有 n 个结点，b 条支路的电路，其独立的 KCL 方程数只有 $(n-1)$ 个，独立的 KVL 方程数有 $b-(n-1)$ 个。

（3）叠加原理是反映线性电路基本性质的一个最重要定理。根据叠加原理，对于线性电路，任何一条支路的电流或电压，都可以看成是由电路中各个电源分别单独作用时在此支路中所产生的电流或电压的代数和。应用叠加原理时，要注意各电量的参考方向和不作用电源的处理，即把不作用的电压源短路，不作用的电流源开路。

（4）戴维宁定理是用等效方法分析电路最常用的定理。戴维宁定理表明：任何一个有源二端线性网络都可以用一个理想电压源和内阻串联的电源来等效代替。电压源的电压等于该有源二端网络的开路电压，串联的内阻等于该有源二端网络中除去所有电源（即理想电压源短路，理想电流源开路）后的等效电阻。

2. 本章主要概念和术语

支路、结点、回路、网孔、KCL、KVL、独立方程、线性电路、无源二端网络、有源二端网络、等效。

3. 本章基本要求

（1）掌握并熟练应用基尔霍夫定律；

（2）掌握支路电流法；

（3）理解并熟练掌握叠加定理；

（4）理解并熟练掌握戴维宁定理。

本章的内容是电工电子的基础，透彻理解、熟练掌握本章内容并融会贯通，可为后续学习打下良好的基础。

习题二

2-1 选择题

（1）叠加定理只适用于（　　）。

　　A. 交流电路　　　　　　B. 直流电路　　　　C. 线性电路

（2）图 2-20 中，电路电流 I 等于（　　）。

　　A. −2A　　　　　　　　B. −4A　　　　　　C. 4A

（3）图 2-21 所示电路 A，B 端口的戴维宁等效电压 U_{AB} =（　　），等效电阻 R_{AB} =（　　）。

　　A. $U_{AB} = -2V$，$R_{AB} = 1\Omega$　　　　　　　B. $U_{AB} = 4V$，$R_{AB} = 1\Omega$

　　C. $U_{AB} = -5V$，$R_{AB} = 0.8\Omega$

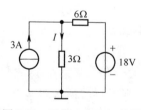

图 2-20　习题 2-1（2）的图

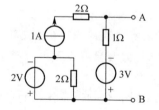

图 2-21　习题 2-1（3）的图

2-2 填空题

（1）＿＿＿＿＿＿定律体现了线性电路元件上电压、电流的约束关系，与电路的联接方式无关；_____定律则是反映了电路的整体规律，其中_____定律体现了电路中任意结点上汇集的所有_____的约束关系，_____定律体现了电路中任意回路上所有_____的约束关系，具有普遍性。

（2）电路如图 2-22 所示，已知 $U_S = 3\text{V}$，$I_S = 2\text{A}$，则 $U_{AB} =$ _____、$I =$ _____。

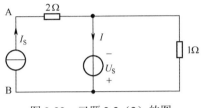

图 2-22　习题 2-2（2）的图

（3）电路如图 2-23 所示。电流源单独作用时的 $U' =$ _____，电压源单独作用时的 $U'' =$ _____，两电源共同作用时的 $U =$ _____。

2-3　求图 2-24 所示电路中通过恒压源的电流 I_1、I_2 及其功率，并说明是起电源作用还是起负载作用。

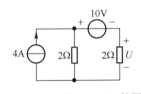

图 2-23　习题 2-2（3）的图

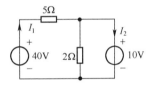

图 2-24　习题 2-3 的图

2-4　在图 2-25 所示电路中，试求电流 I_1 和 I_2。

2-5　用基尔霍夫电流定律求图 2-26 所示电路中的电流 I_1，I_2 和 I_3。

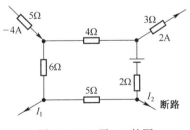

图 2-25　习题 2-4 的图

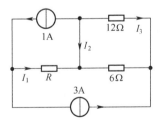

图 2-26　习题 2-5 的图

2-6　在图 2-27 所示电路中，根据所标出的电流方向，用 KVL 定律列出回路电压方程。

2-7　在图 2-28 所示电路中，已知 $U_S = 6\text{V}$，$I_S = 2\text{A}$，$R_1 = 2\Omega$，$R_2 = 1\Omega$。求开关 S 断开时开关两端的电压 U 和开关 S 闭合时通过开关的电流 I（不必用支路电流法）。

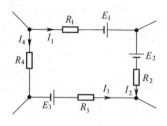

图 2-27　习题 2-6 的图

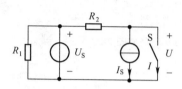

图 2-28　习题 2-7 的图

2-8　电路如图 2-29 所示，已知 $R_1 = R_2 = R_3 = 1\Omega$，$E_1 = 2V$，$E_2 = 4V$。试用支路电流法求支路电流 I_1、I_2、I_3。

2-9　试用叠加原理求图 2-30 所示电路中的电流 I。

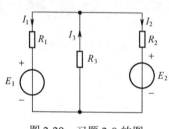

图 2-29　习题 2-8 的图

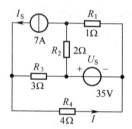

图 2-30　习题 2-9 的图

2-10　已知电路如图 2-31 所示。试应用叠加原理计算支路电流 I 和电流源的电压 U。

2-11　试用戴维宁定理求解图 2-32 所示电路中的电压 U。

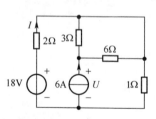

图 2-31　习题 2-10 的图

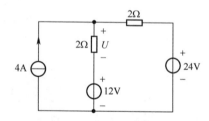

图 2-32　习题 2-11 的图

第 3 章 正弦交流电路

 内容提要

  本章首先介绍正弦交流电的三要素及正弦量的概念，着重说明正弦量的相量表示法及阻抗的概念；然后介绍三相四线制供电系统的电路连接方式及主要特点；最后介绍功率因数的概念及单相和三相交流电路功率的计算。

3.1 正弦交流电路的基本概念

  大小和方向随时间作周期性变化的电动势、电压和电流称为交流电。在电学发展史上，曾经有过关于使用交流电还是使用直流电的激烈争论。提倡使用直流电的代表人物是大名鼎鼎的发明家爱迪生；而主张改用交流电的代表人物则是比爱迪生小 9 岁的后起之秀特斯拉。1895 年特斯拉研制出变压器，并成功地将美国尼亚加拉发电站发出的交流电输送到千里之遥的洛杉矶，经测算损失的电能仅为直流输送方式的二百分之一。这一具有历史意义的用电革命，轰动了世界科学界，也证明了交流电经变压器升压后的高电压、低电流方式输电，不仅可以大大地降低输电线路上的电能损耗，而且提高了输电距离和输电容量，也宣告了交流电对直流电竞争的胜利。从此，交流供电系统被广泛使用。

  进入 21 世纪以来，全球面临着能源危机，世界各国都开始关注风能、太阳能等可再生能源发电的研发。而具备发电条件的地区，往往远离用电集中的工业区和城市，必须远距离输电。人们发现交流电长距离输送时也存在着一些问题，如必须考虑线路中的感抗和容抗所引起的电能损耗、输送两端交流系统需要同步稳定运行等。为了解决交流输电存在的问题，寻求更合理的输电方式，人们现在又开始采用直流超高压输电。近年的研究结果表明，当距离超过 800～1000 千米时，高压直流电传输比交流电传输的电损耗小。各国在考虑远距离输电系统时，都倾向于更为经济实用的高压直流输电。1990 年我国建设的第一条长距离大容量高压直流输电线路（湖北葛洲坝至上海的葛南双极直流输电线路）投入运行，其额定容量为 1.2GW，额定电压 $\pm 500\text{kV}$，送电距离 104km，中国电力从此进入交直流混合输电的时代。虽然如此，但这并不是简单地恢复到爱迪生时代的直流输电。

发电站发出的电和用户用的电仍然是交流电，只是在远距离输电中，采用换流设备，把交流高压变成直流高压。这样做可以把交流输电用的 3 条电线减为 2 条，大大地节约了输电导线。虽然如此，现代工业生产和日常生活中应用最为广泛的仍然是交流电。

3.1.1　正弦量的三要素

随时间按正弦规律变化的电动势、电压或电流，统称为正弦量（Sinusoidal quantities）。以电流正弦量为例，其瞬时值表达式为

$$i = I_{\mathrm{m}} \sin(\omega t + \theta_{\mathrm{i}})$$

其波形如图 3-1 所示。

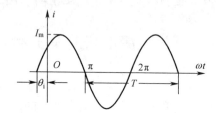

图 3-1　电流正弦量及其波形

其中，I_{m} 称为幅值（Amplitude），ω 称为角频率（Angular frequency），θ_{i} 称为初相位（Initial phase）。对于正弦交流电来讲，如果知道了幅值、角频率和初相位这 3 个量，则可完全确定该正弦交流电，因此把这 3 个量称为正弦量的三要素。在书写时必须注意，电流和电压的幅值用大写字母加下标 m 表示，如 I_{m}、U_{m}；而电流和电压的瞬时值用小写字母 i、u 表示。

正弦量三要素中，幅值表示正弦交流电变化过程中所能达到的最大值，因此可用于描述交流电的大小。除此之外，在实际使用中常常采用有效值（Effective value）来度量交流电的大小。

在图 3-2 中，将相同的电阻 R 上分别通以直流电流 I 和交流电流 i，如果它们在相同时间内，电阻上所消耗的电能相等，则把该直流电流 I 作为交流电流 i 的有效值。

图 3-2　交流电有效值的规定

可以证明，正弦交流电电流的有效值 I 和幅值 I_{m} 满足如下关系

$$I_{\mathrm{m}} = \sqrt{2}I = 1.414I$$

同理，正弦交流电电压的有效值 U 和幅值 U_m 之间也存在如下关系

$$U_m = \sqrt{2}U = 1.414U$$

需要注意的是，在平时应用中，交流电压表、电流表测量的数据为有效值，交流设备铭牌标注的电压、电流也是有效值。书写时有效值用大写字母表示，如 U、I。

在电子电路中，对于正弦交流信号来说，除了采用有效值之外，还经常采用峰峰值来描述信号值变化范围的大小。峰峰值是指一个周期内信号最大值和最小值之间的差。电压峰峰值用 V_{pp} 表示。显然

$$V_{pp} = U_m - (-U_m) = 2U_m = 2\sqrt{2}\,U$$

正弦量三要素中的角频率 ω 表示每秒内所变化的弧度，单位为弧度/秒（rad/s）。$\omega t + \theta_i$ 称为相位，表示正弦量变化的进程。初相位 θ_i 表示 $t = 0$ 时刻的相位，决定了正弦量的初始值。显然，正弦量的初相位不同，其初始值也不同。相位和初相位的单位为弧度（rad），也可用角度表示。初相位规定 $-\pi \leqslant \theta_i(\theta_u) \leqslant \pi$。

在实际使用中，经常用频率 f 替代角频率 ω 表示正弦量变化的快慢。频率 f 表示正弦量每秒内变化的次数，其单位为赫兹（Hz）。ω 与周期 T 和频率 f 的关系为

$$\omega = \frac{2\pi}{T} = 2\pi f$$

在电力工业的发展初期，电源频率的选取要同时兼顾照明和电力传输效率。如果频率高，电灯的闪烁程度就弱，变压器和发电机的铁心体积都会减少，但电力传输效率会降低，因此世界上存在许多种供电频率。1930 年 9 月，国民政府建设委员会鉴于当时中国发电厂中半数以上的供电频率是 50Hz，把世界多数国家采用的 50Hz 作为中国的供用电标准频率。中华人民共和国成立后至今，中央政府电业主管机关也都将供用电标准频率规定为 50Hz，称为工频。我国现行《供电营业规则》第五十三条规定，在电力系统正常状况下，供电频率的允许偏差为：电网装机容量在 300 万 kW 及以上的，为 ± 0.2Hz；电网装机容量在 300 万 kW 以下的，为 ± 0.5Hz；而在电力系统非正常状况下，供电频率允许偏差不应超过 ± 1.0Hz。

目前，欧洲一些国家电力系统所用的频率 f 标准为 50Hz。而美国和日本等其标准频率为 60Hz。在其他技术领域内使用各种不同的频率，例如，电子技术中常用的有线通信频率为 300Hz～5kHz；无线电工程上用的频率则可高达 $10^4 \sim 30 \times 10^{10}$Hz。

3.1.2 正弦量的相量表示

【问题引导】如图 3-3 所示，已知电流 i_1 和 i_2 的瞬时值表达式，如何写出 i_3 的瞬时值表达式？

图 3-3 正弦电流运算

用瞬时值表达式和波形图都可以表示正弦交流电的变化规律。但这两种表示方法都不方便用于分析和计算。因此，在正弦交流电路中，分析和计算都采用相量表示法。

用复数的运算方法进行正弦交流电的分析和计算，称为相量表示法。

1. 复数的两种表示形式

设 A 为一复数，其代数式表示为

$$A = a + jb$$

a 和 b 分别为其实部和虚部，其中 $j = \sqrt{-1}$ 为虚部单位。

复数 A 可以用复平面上的有向线段表示，如图 3-4 所示。该有向线段的长度 r 称为复数 A 的模，该有向线段与实轴正方向的夹角 θ 称为复数 A 的辐角。

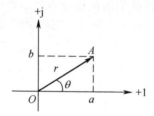

图 3-4　复数的表示

因此，复数 A 也可以写成极坐标式

$$A = r \angle \theta$$

用相量表示法分析电路，常常需要在代数式和极坐标式之间进行转换。如复数相加或相减，则将复数先化成代数型再进行加减运算；而复数相乘或相除则先化成极坐标式再进行，这样往往可以简化运算。

例如，若 $A_1 = a_1 + jb_1 = r_1 \angle \theta_1$、$A_2 = a_2 + jb_2 = r_2 \angle \theta_2$，则

$$A_1 \pm A_2 = (a_1 \pm a_2) + j(b_1 \pm b_2)$$

$$A_1 \cdot A_2 = r_1 r_2 \angle \theta_1 + \theta_2$$

$$\frac{A_1}{A_2} = \frac{r_1}{r_2} \angle \theta_1 - \theta_2$$

由图 3-4 的几何关系可知，如果已知复数 A 的极坐标式，转换成代数式的计算式为

$$\begin{cases} a = r\cos\theta \\ b = r\sin\theta \end{cases}$$

如果已知复数 A 的代数式，转换成极坐标式，其计算式为

$$\begin{cases} r = \sqrt{a^2 + b^2} \\ \theta = \arctan \dfrac{b}{a} \end{cases}$$

转换时需要注意，复数的模只取正值，辐角的取值则根据复数在复平面上的象限而定。

例 3-1　已知两个复数为 $A_1 = 3 + j4$，$A_2 = 8 - j8$，求它们的和、差、积、商。

解： $A_1 + A_2 = (3 + j4) + (8 - j8) = (3 + 8) + j(4 - 8) = 11 - j4$

$A_1 - A_2 = (3 + j4) - (8 - j8) = (3 - 8) + j(4 + 8) = -5 + j12$

先将 A_1、A_2 转换成极坐标式，再进行乘除运算。

$$A_1 = 3 + j4 = \sqrt{3^2 + 4^2} \underline{\bigg/ \arctan \dfrac{4}{3}} = 5 \underline{/53.1°}$$

$$A_2 = 8 - j8 = \sqrt{8^2 + 8^2} \underline{\bigg/ \arctan \dfrac{-8}{8}} = 8\sqrt{2} \underline{/-45°}$$

$$A_1 \cdot A_2 = 5 \underline{/53.1°} \times 8\sqrt{2} \underline{/-45°} = 40\sqrt{2} \underline{/8.1°}$$

$$\frac{A_1}{A_2} = \frac{5 \underline{/53.1°}}{8\sqrt{2} \underline{/-45°}} = 0.31 \underline{/98.1°}$$

2. 相量表示法

正弦量具有幅值、频率及初相位三个基本特征量，表示一个正弦量就要将这三要素表示出来。但在工业生活用电中，交流电的频率是工频，固定不变。在线性电路中，电路中各处电压和电流的频率也是相同的，其角频率 ω 固定不变，在电路分析中不需考虑角频率 ω。这样，在正弦交流电的三要素中，实际上只需确定幅值和初相位这两个要素。

对于正弦电压 $u = U_m \sin(\omega t + \theta_u)$，如将图 3-4 中的复数 A 取 $r = U_m$，$\theta = \theta_u$，则复数 A 正好包括幅值 U_m 和初相位 θ_u 两个要素，因此复数 A 可以表示正弦电压 $u = U_m \sin(\omega t + \theta_u)$。

表示正弦量的复数称为相量（Phasor）。为了区别于一般复数，相量用大写字母上加点来表示。如，用 $\dot{I}_m$ 和 $\dot{U}_m$ 表示电流和电压的幅值相量，用 $\dot{I}$ 和 $\dot{U}$ 表示电流和电压的有效值相量。对于正弦电压 $u = 220\sqrt{2} \sin(\omega t + 30°) \text{V}$，其幅值相量和有效值相量分别为

$$\dot{U}_m = 220\sqrt{2} \underline{/30°} \text{ V}$$

$$\dot{U} = 220 \underline{/30°} \text{ V}$$

显然，幅值相量的模就是幅值，而有效值相量的模就是有效值。所以，只要知道了正弦量的瞬时表达式，就可以写出相量的极坐标式；反之，若已知相量的极坐

标式，也可以写出相应正弦量的瞬时表达式。在正弦量用相量表示后，正弦量的运算就可转化为复数运算。

例 3-2 已知

$$i_1 = 12.7\sqrt{2}\sin(314t + 30°)\text{A}$$

$$i_2 = 11\sqrt{2}\sin(314t - 60°)\text{A}$$

求 $i = i_1 + i_2$。

解： 第一步，根据正弦量的瞬时值表达式写出相量

$$\dot{I}_1 = 12.7\ \angle 30°\ \text{A}$$

$$\dot{I}_2 = 11\ \angle -60°\ \text{A}$$

第二步，用相量运算代替瞬时值表达式的运算

$$\dot{I} = \dot{I}_1 + \dot{I}_2 = 12.7\ \angle 30°\ \text{A} + 11\ \angle -60°\ \text{A}$$

$$= 12.7(\cos 30° + j\sin 30°)A + 11(\cos 60° - j\sin 60°)A$$

$$= 16.5 - j\,3.18\text{A}$$

$$= 16.8\ \angle -10.9°\ \text{A}$$

第三步，由相量写出正弦量的瞬时值表达式

$$i = 16.8\sqrt{2}\sin(314t - 10.9°)\text{A}$$

例 3-3 已知工频条件下 u_1 和 u_2 的有效值分别为 $U_1 = 100\text{V}$，$U_2 = 60\text{V}$，u_1 超前于 u_2 60°，求总电压 $u = u_1 + u_2$ 及其有效值。

解： 选 u_1 为参考相量

$$\dot{U}_1 = 100\ \angle 0° = 100\text{V}$$

$$\dot{U}_2 = 100\ \angle -60° = (30 - j\,51.96)\text{V}$$

$$\dot{U} = \dot{U}_1 + \dot{U}_2 = 100 + 30 - j\,51.96 = 130 - j\,51.96 = 140\ \angle -21.79°\ \text{V}$$

$$u = 140\sqrt{2}\sin(314t - 21.79°)\text{V}$$

$$U = 140\text{V}$$

由例 3-2 和例 3-3 可以看出，在正弦交流电路中，电流和电压的瞬时值、相量都满足基尔霍夫定律，而有效值一般情况下不满足基尔霍夫定律。即对于任意时刻，任意节点有

$$\sum i = 0\quad（\text{KCL 瞬时值形式}）$$

$$\sum \dot{I} = 0\quad（\text{KCL 相量形式}）$$

$$\sum I \neq 0$$

对于任意时刻，任意回路各段电压有

$$\sum u = 0\quad（\text{KVL 瞬时值形式}）$$

$$\sum \dot{U} = 0 \quad （\text{KVL 相量形式}）$$
$$\sum \dot{I} \neq 0$$

在相量表示法中，值得注意的是，只有正弦量才能用相量表示。同时，由于相量只具备了正弦量三要素中的两个要素，因此只是代表正弦量，并不等于正弦量。

【思考与讨论】

什么条件下，电流和电压的有效值满足 KCL 和 KVL？

3.1.3　阻抗

在正弦交流电路中，负载通常用阻抗（Impedance）来表示，其符号为 Z。在电压和电流频率相同的条件下，阻抗 Z 的定义为负载端电压相量 $\dot{U}$ 除以流过负载的电流相量 $\dot{I}$，即

$$Z = \frac{\dot{U}}{\dot{I}}$$

图 3-5　阻抗

显然，阻抗 Z 为复数，单位为欧姆（Ω），其符号如图 3-5 所示。

阻抗 Z 的极坐标式为

$$Z = |Z| \angle \varphi$$

$|Z|$ 称为阻抗模，它反映了阻抗的大小；φ 为阻抗角。

假设 $\dot{U} = U \angle \theta_u$，$\dot{I} = I \angle \theta_i$，则

$$Z = \frac{\dot{U}}{\dot{I}} = \frac{U}{I} \angle \theta_u - \theta_i$$

由此可得

$$|Z| = \frac{U}{I}, \quad \varphi = \theta_u - \theta_i$$

即阻抗模 $|Z|$ 等于电压的有效值除以电流的有效值，而阻抗角 φ 等于同频率的电压初相位与电流初相位之差。之所以在正弦交流电路中，同频率的电压和电流相位往往并不相同，存在着相位差，是由于电路中有电容、电感等储能元件的缘故。相位差与时间无关，并且等于初相位之差。阻抗角 φ 则因为等于同频率的电压和电流相位差，因此在正弦交流电路中是一个十分重要的概念，许多分析与计算都与它相关。

阻抗具有类似于电阻串并联的性质，即在正弦交流电路中，串联电路的总阻抗等于各个阻抗之和，并联电路总阻抗的倒数等于各支路阻抗倒数之和。图 3-6（a）和（b）分别为两个阻抗串联与并联的结果。

（a）阻抗的串联（$Z = Z_1 + Z_2$）　　　　（b）阻抗的并联（$\dfrac{1}{Z} = \dfrac{1}{Z_1} + \dfrac{1}{Z_2}$）

图 3-6　阻抗的串联与并联

例 3-4　已知某负载的电流 $\dot{I}_A = 5\angle 10°$ A，$\dot{U}_{AB} = 380\angle 75°$ V，求负载的阻抗。

解：$Z = \dfrac{\dot{U}}{\dot{I}}$

$\qquad = \dfrac{220\angle 45°}{5\angle 10°}$

$\qquad = 44\angle 35°\ \Omega$

📖正弦交流电路基本概念小结：

　　* 按正弦规律变化的电压、电流和电动势称为正弦量。幅值、角频率和初相位是正弦量的三要素。

　　*用于表示正弦量的复数称为相量，常用的相量形式有代数式和极坐标式。在正弦量用相量表示后，正弦量之间的运算可转换成相量的运算，称为相量表示法。

　　*在正弦交流电路分析中，相量满足基尔霍夫定律。

　　*负载可用阻抗 Z 表示，阻抗 Z 定义为同频率的电压相量除以电流相量。阻抗模 $|Z|$ 反映了阻抗的大小，其值等于电压的有效值除以电流的有效值；阻抗角 φ 则等于电压与电流的初相位之差。阻抗 Z 具有类似于电阻的串并联性质。

3.2　三相四线制供电系统

【问题引导】目前在发电及电力传输中为什么多采用三相四线制供电系统？

3.2.1　三相四线制供电电路

　　目前发电及供电系统都是采用三相交流电。在普通家庭中所使用的照明电，实际是三相交流电其中的一相。

　　如图 3-7 所示，三相电源（Three-phase source）一般是由三相交流发电机三相对称绕组产生的三个频率相同、幅值相等、相位互差 120° 的三相对称正弦电压

u_A、u_B 和 u_C。每相电源绕组的首端分别用 A、B、C 表示，末端分别用 X、Y、Z 表示。

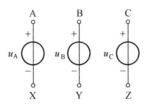

图 3-7　三相对称正弦电压

三相对称正弦电压瞬时值表达式分别为

$$u_A = \sqrt{2}U \sin \omega t$$

$$u_B = \sqrt{2}U \sin(\omega t - 120°)$$

$$u_C = \sqrt{2}U \sin(\omega t - 240°) = \sqrt{2}U \sin(\omega t + 120°)$$

其波形如图 3-8 所示。

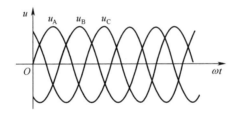

图 3-8　三相电压的波形图

由瞬时值表达式可知，三相对称正弦电压的有效值相量为

$$\dot{U}_A = U \angle 0° = U$$

$$\dot{U}_B = U \angle -120° = -\frac{1}{2}U - j\frac{\sqrt{3}}{2}U$$

$$\dot{U}_C = U \angle 120° = -\frac{1}{2}U + j\frac{\sqrt{3}}{2}U$$

则

$$\dot{U}_A + \dot{U}_B + \dot{U}_C = 0 \qquad\qquad (3\text{-}1)$$

即三相对称电压相量之和等于零。式（3-1）同时表明，任一时刻三相对称正弦电压的瞬时值之和等于零，即

$$u_A + u_B + u_C = 0$$

发电机三相电源绕组的接法通常采用如图 3-9 所示的星形接法，即将三相电

源绕组的 3 个末端 X、Y、Z 连接在一起称为中性点，简称为中点。中点的引出线 N 称为中性线，简称中线，俗称零线。电源首端 A、B、C 引出的线称为相线或端线，俗称火线。这种接法的三相电源通过三根相线和一根中线向负载供电，故称为三相四线制电源。

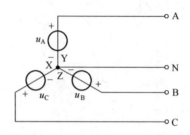

图 3-9 三相四线制供电系统

在三相四线制电源中，相线与中性线之间的电压 u_A、u_B、u_C 称为相电压（Phase voltage），其有效值用 U_P 表示，且 $U_P = U$。相线与相线之间的电压 u_{AB}、u_{BC} 和 u_{CA} 称为线电压（Line voltage），其有效值用 U_L 表示。显然，线电压和相电压之间满足相量形式的 KVL，故

$$\begin{aligned} \dot{U}_{AB} &= \dot{U}_A - \dot{U}_B \\ &= U - \left(-\frac{U}{2} - j\frac{\sqrt{3}U}{2} \right) \\ &= \frac{3U}{2} + j\frac{\sqrt{3}U}{2} \\ &= \sqrt{3}U \angle 30° \end{aligned}$$

同理

$$\dot{U}_{BC} = \dot{U}_B - \dot{U}_C = \sqrt{3}U \angle -90°$$

$$\dot{U}_{CA} = \dot{U}_C - \dot{U}_A = \sqrt{3}U \angle 150°$$

由上面式子，可看出三相四线制供电电源中，线电压之间也互差 120°，同时线电压有效值 U_L 是相电压有效值 U_P 的 $\sqrt{3}$ 倍，即

$$U_L = \sqrt{3}U_P$$

我国在低压配电系统中，相电压有效值为 $U_P = 220\text{ V}$，线电压有效值为 $U_L = \sqrt{3} \times 220 = 380\text{V}$（近似值）。

由于三相四线制电源可以向外部提供两种不同大小的电压，电路负载可以根据工作时的额定电压来选择相电压还是线电压，同时三相四线制电源还比单独使用三个单相电源更节省导线，故在实际应用中主要采用三相四线制电源。

3.2.2　三相电路负载的连接

电路负载根据其接入电源时，只需要接入一相电源还是三相电源，可分为单相负载和三相负载。我们日常生活中使用的普通电器如电视机、洗衣机、电饭煲、空调、冰箱、电脑等都是单相负载。

三相负载，可划分为两类：一类是由三个单相负载组成的三相负载。这类负载如图 3-10 中的电灯，9 个电灯按照每 3 个一组构成单相负载分别接在三根相线和零线上组成了三相负载；另一类本身就是三相负载，如图 3-10 中的电动机。

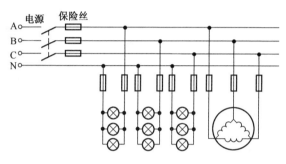

图 3-10　三相负载

三相负载有星形（Y 形）和三角形（△形）两种接法，如图 3-11 所示。图 3-10 中，电灯的连接方式为星形接法，而电动机内部绕线的连接方式则为三角形接法。三相负载中，如果 $Z_A = Z_B = Z_C$，三相负载为对称负载，否则为不对称负载。

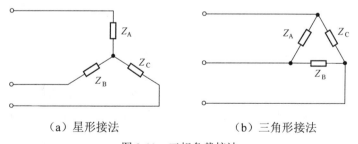

（a）星形接法　　　　　　　　　　　　（b）三角形接法

图 3-11　三相负载接法

日常生活中，最常见的三相电路是如图 3-12 所示的负载星形连接后与星形连接的三相电源构成的三相四线制供电电路。电路中，星形连接的三相负载 Z_A、Z_B 和 Z_C 其末端接在一起，构成了负载中点 N' 接于电源的中线上，另一端分别与电源的三根相线 A、B、C 相接。电路中流过负载的电流 i_{ZA}、i_{ZB} 和 i_{ZC} 称为相电流

（Phase current）；各火线中的电流 $\dot{I}_A$、$\dot{I}_B$ 和 $\dot{I}_C$ 称为线电流（Line current）；显然，负载作星形连接时，线电流就是相电流。

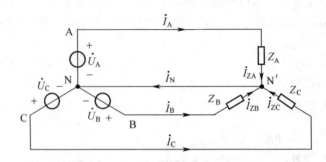

图 3-12　负载星形连接的三相四线制电路

在图 3-12 所示的电流方向下，由 KCL 知中线电流 $\dot{I}_N$ 等于各相电流之和，即

$$\dot{I}_N = \dot{I}_A + \dot{I}_B + \dot{I}_C = \frac{\dot{U}_A}{Z_A} + \frac{\dot{U}_B}{Z_B} + \frac{\dot{U}_C}{Z_C} \qquad (3\text{-}2)$$

当三相负载为对称负载，即 $Z_A = Z_B = Z_C = Z$ 时，式（3-2）变为

$$\dot{I}_N = \dot{I}_A + \dot{I}_B + \dot{I}_C = \frac{1}{Z}(\dot{U}_A + \dot{U}_B + \dot{U}_C) = \frac{1}{Z}(U\angle 0° + U\angle{-120°} + U\angle 120°) = 0$$

即三相负载对称时，中线电流等于零，此时中线可以省略，电路变为三相三线制。如三相负载不对称，则 $\dot{I}_N \neq 0$，中线电流不等于零，此时中线不能省略。

同时，由图 3-12 还可以看出，负载作星形连接的三相四线制电路中，不管负载是否对称，如果忽略输电线的阻抗，负载的线电压就是电源的线电压；电源的中点电位也是负载的中点电位；每相负载的相电压就等于电源的相电压。

【思考与讨论】

三角形连接的三相负载应如何与三相四线制供电源连接？此时负载的相电压与线电压与电源的相电压与线电压是什么关系？

例 3-5　有 60 盏额定电压为 220V、额定功率为 100W 的白炽灯，平均安装在三相电网上，电源电压为 380/220V，试画出电路图，并求电灯全部接通时各相电流和线电流。

解： 由于白炽灯额定电压为 220V，电源的相电压也是 220V，故 60 盏白炽灯平均分成 3 组并且 3 组电灯接成星形，电路如图 3-13 所示。

每相电灯数为

$$N = \frac{60}{3} = 20 \text{（个）}$$

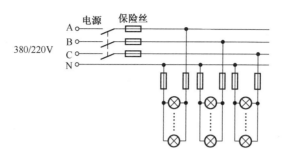

图 3-13　例 3-5 的图

每盏白炽灯的电阻为

$$R = \frac{U^2}{P} = \frac{220^2}{100}\Omega = 484\Omega$$

电灯全部接通时每相负载的电阻为

$$R_\text{P} = \frac{R}{N} = \frac{484}{20}\Omega = 24.2\Omega$$

各相电流的有效值为

$$I_\text{P} = \frac{U}{R_\text{P}} = \frac{220}{24.2}\text{A} = 9.09\text{A}$$

因负载作星形连接，故

$$I_\text{L} = I_\text{P} = 9.09\text{A}$$

由于白炽灯是纯电阻负载，故相电流与相电压同相，各相电流的相位互差 120°，此时中线电流为零。

例 3-6　如图 3-14 所示三相四线制照明电路，如 A 相短路：

（1）中线未断时，求各相负载电压；

（2）中线断开时，求各相负载电压。

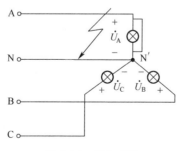

图 3-14　例 3-6 图

解：（1）中线未断时，此时 A 相短路，电流很大，而 B 相和 C 相未受影响，其相电压仍为 220V，正常工作。

（2）中线断开时，此时负载中点 N′ 即为 A，因此负载各相电压为

$$U_{AN'} = 0$$

$$U_{BN'} = U_{BA} = 380 \text{ V}$$

$$U_{CN'} = U_{CA} = 380 \text{ V}$$

此情况下，B 相和 C 相的电灯组由于承受电压上所加的电压都超过额定电压（220V），电灯将会烧坏，这是不允许的。

由例 3-6 可看出，星形连接负载不对称时，必须要有中线，才能保证相电压的对称，使各相负载正常工作。否则各相负载的相电压不再对称，这样会导致有的负载承受的电压超过其额定电压，从而损坏设备；而另一部分负载承受的电压低于其额定电压，使得电气设备不能正常工作。同时为了防止中线断开，中线上不允许装开关和保险丝。在日常生活中，由于所使用的电器并不相同，绝大多数时候，负载都属于不对称负载，因此中线不能省去，必须使用三相四线制电路供电。

近年来，为了更加安全用电起见，在三相四线制供电系统的基础上又发展出了三相五线制供电系统。三相五线制系统，又称保护接地系统，国际电工委员会 IEC 对三相五线制系统的编号为 TN-S，故也称 TN-S 系统。它是在三相四线制供电系统的基础上，再增加一根专用接地线（PE）。这样的供电接线方式就包括三相电源的三根相线、一根中性线（N 线）和一根地线（PE 线）共五根线，所以称为三相五线制系统，如图 3-15 所示。

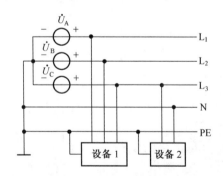

图 3-15　三相五线制供电系统

PE 线的作用是以防止触电为目的的保护线，所有设备的外露可导电部分只与公共的 PE 线相连，对触电起保护作用，因此也称为保护地线或保护零线。与三相四线制相比，三相五线制系统把专用保护线、零线、相线一起送入各家各户，给广大用电者最大限度地减小触电事故的发生。

在应用中需要注意的是地线在供电变压器侧和中性线接到一起，但进入用户侧后不能当作零线使用，否则发生混乱后就与三相四线制无异了。同时为了防止混淆，我国对三相五线制导线颜色规定为：A 线黄色，B 线绿色，C 线红色，N 线蓝色，PE 线黄绿色或黑色。

📧 **三相四线制供电系统小结：**

*三相电源由三相发电机产生，并且频率相同、有效值大小相等、相位互差 120°。

*三相电源按照末端相接的星形连接形式构成了三相四线制供电电源。相线与相线的电压称为线电压，其有效值用 U_L 表示；相线与中线之间的电压称为相电压，其有效值用 U_P 表示。线电压与相电压之间满足 $U_L = \sqrt{3}U_P$。

*三相负载作星形连接并与三相四线制供电电源连接构成了三相四线制电路。在负载对称情况下，流过中线的电流等于零，中线可以省略；在负载不对称的情况下，中线电流不等于零，中线不能省略。同时中线的存在可以确保在负载不对称情况下，负载的相电压仍然相等并且等于电源的相电压，确保每一相负载正常工作。

3.3　交流电路的功率

3.3.1　单相交流电路功率

日常生活中会经常看到如图 3-16 的各种电器设备铭牌。铭牌上标有额定功率、最大输出功率等数据。这些功率实际上是有功功率，用大写字母 P 表示，单位有瓦（W）、千瓦（kW）、兆瓦（MW）。

开关电源					
交流输入	100-240V~，50/60Hz，6A				
直流输出	+12V1	+12V2	+5V	+3.3V	− 12V	+5VSB
	17A	17A	15A	17A	0.3A	2.0A
最大输出功率	312W（26A MAX）		103W		13.6W	
稳定输出功率	350W					
警告	非专业维修人员请勿自行开启此盖！					

图 3-16　某开关电源的铭牌数据

　　有功功率是保持用电设备正常运行所需的电功率，也就是将电能转换为其他形式的能量，如机械能、光能、热能的电功率。比如：电动机就是把电能转换为机械能，带动机器设备运转；各种照明设备将电能转换为光能，供人们生活和工作照明；取暖设备则将电能转换成热能。

　　电路在某一瞬间吸收或发出的功率称为瞬时功率，用小写字母 p 表示。有功功率就是交流电在一个变化周期内瞬时功率的平均值，因此也称为平均功率。

　　设正弦电路中，电流 i 为

$$i = \sqrt{2}I \sin \omega t$$

则电压 u 可表示为

$$u = \sqrt{2}U \sin(\omega t + \varphi)$$

式中 φ 为电路中同频率的电压与电流的相位差，也是电路的阻抗角。则电路在某一瞬间的瞬时功率为

$$p = ui = \sqrt{2}I \sin \omega t \times \sqrt{2}U \sin(\omega t + \varphi)$$
$$= UI[\cos \varphi - \cos(2\omega t + \varphi)]$$

　　瞬时功率是随着时间改变而改变的，因此分析和计算瞬时功率毫无意义，为此在平时运用中主要采用平均功率来反映功率的大小。平均功率计算方法为

$$P = \frac{1}{T} \int_0^T p \mathrm{d}t = \frac{1}{T} \int_0^T UI[\cos \varphi - \cos(2\omega t + \varphi)]\mathrm{d}t = UI \cos \varphi$$

可见正弦电路的平均功率不但与电流和电压的有效值有关，还与电压和电流相位差 φ 有关，$\cos \varphi$ 称为电路的功率因数（Power factor）。

　　同时，由 $P = UI \cos \varphi$ 知

$$I = \frac{P}{U \cos \varphi}$$

因此，如果功率因数 $\cos \varphi$ 变小，在用电负荷不变、实际有功功率 P 和工作电压 U 恒定的情况下，其工作电流 I 变大。电路中导线的截面、保护开关的导电面积都必须加大才能通过更大的电流，故投资亦需增加。同时，电流变大还会导致设备的发热量增加、线路和电源上的功率损耗也增大。

　　我国现行《供电营业规则》第四十一条对于用户用电功率因数作了规定，即除电网有特殊要求的用户外，用户在当地供电企业规定的电网高峰负荷时的功率因数，应达到下列规定：100kVA 及以上高压供电的用户功率因数为 0.90 以上；其他电力用户和大、中型电力排灌站、趸购转售电企业，功率因数为 0.85 以上；农业用电的功率因数为 0.80 以上。凡功率因数不能达到上述规定的新用户，供电企业可拒绝接电。在第九十六条中，对于供用电双方在合同中订有电压质量责任条款的电力事故赔偿，则规定用户用电的功率因数未达到规定标准的，供电企业

不负赔偿责任。

目前，生产中广泛使用的交流异步电动机的功率因数为 0.3～0.85，荧光灯的功率因数为 0.4～0.6，这些都不符合要求，所以需要采取措施提高功率因数。

3.3.2　三相交流电路功率

在三相交流电路中，各相功率的计算与单相电路相同。设三相负载相电压分别为 U_{ZA}、U_{ZB} 和 U_{ZC}，相电流分别为 I_{ZA}、I_{ZB} 和 I_{ZC}，相电压和相电流间的相位差分别为 φ_{ZA}、φ_{ZB} 和 φ_{ZC}。由于有功功率守恒，三相负载的总有功功率应是各相负载的有功功率之和。即三相负载的有功功率 P 为

$$P = U_{ZA}I_{ZA}\cos\varphi_{ZA} + U_{ZB}I_{ZB}\cos\varphi_{ZB} + U_{ZC}I_{ZC}\cos\varphi_{ZC}$$

当负载对称时，每相负载的相电压大小相等，流过负载的相电流大小也相等，相电压与相电流的相位差也会相同，则各相负载的有功功率相等，因此三相负载的总有功功率等于单相负载的 3 倍。假设负载相电压为 U_P，相电流为 I_P，相电压与相电流的相位差为 φ，则对称三相负载的有功功率为

$$P = 3U_P I_P \cos\varphi$$

同时，由于负载作星形连接时有

$$\begin{cases} U_P = \dfrac{U_L}{\sqrt{3}} \\ I_P = I_L \end{cases}$$

所以对称三相负载的有功功率还可以用负载的线电压和线电流进行计算，即

$$P = \sqrt{3}U_L I_L \cos\varphi$$

但需要注意的是，这时的 φ 仍然为相电压与相电流的相位差，而不是线电压与线电流的相位差。同时，虽然上述公式是由负载作星形连接时推导出来，但是适用于负载的三角形连接，三相负载总的功率计算形式与负载的连接方式无关。

例 3-7　由星形连接的三相负载所构成的对称三相电路中，每相负载阻抗 Z = (6 + j8)Ω，电源线电压有效值为 380V，求三相负载的有功功率。

解：由线电压 380V 求出相电压

$$U_P = \frac{U_L}{\sqrt{3}} = \frac{380}{\sqrt{3}} = 220\text{V}$$

相电流

$$I_P = \frac{U_P}{|Z|} = \frac{220}{\sqrt{6^2 + 8^2}} = 22\text{A}$$

相电压与相电流的相位差，就是阻抗角 φ 为

$$\varphi = \arctan \frac{8}{6} = 53.13^\circ$$

有功功率

$$P = 3U_\text{P} I_\text{P} \cos\varphi = 3 \times 220 \times 22 \times \cos 53.13^\circ = 8712\text{W}$$

📖 **交流电路功率小结：**

* 单相交流电路的有功功率计算式为 $P = UI\cos\varphi$，其中 φ 为电压与电流相位差。

* 不对称三相电路的有功功率等于每一相电路的有功功率之和。

* 对称三相交流电路的有功功率计算式为 $P = 3U_\text{P} I_\text{P} \cos\varphi = \sqrt{3} U_\text{L} I_\text{L} \cos\varphi$。其中 φ 为相电压与相电流的相位差。计算式与负载接法无关。

3.4 应用实例：漏电保护器的工作原理

电路中安装漏电保护器是防止触电伤亡事故、漏电引起电气火灾和电气设备损坏的重要技术措施。漏电保护器可分为电压型和电流型两大类，其中以电流型漏电保护器应用得最为广泛。普通电流型漏电保护器由零序电流互感器、电子放大器、晶闸管和脱扣器等部分组成，其原理如图 3-17（b）所示。其中，零序电流互感器是关键器件，其构造和原理跟普通电流互感器基本相同。零序电流互感器的初级线圈是绞合在一起的 4 根线：3 根火线 L_1、L_2、L_3 及 1 根零线 N，而普通电流互感器的初级线圈只是 1 根火线。初级线圈的 4 根线要全部穿过互感器的铁芯，并且 4 根线的一端接电源的主开关，另一端接负载。

在三相四线制供电系统中，由基尔霍夫电流定律可知正常情况下，不管三相负载平衡与否，同一时刻 4 根线的电流相量和都为零，即

$$\dot{I}_{L1} + \dot{I}_{L2} + \dot{I}_{L3} + \dot{I}_N = 0$$

故 4 根线的合成磁通也为零，零序电流互感器的次级线圈没有输出信号。

当火线对地漏电时，如图中人体触电时，触电电流经大地和接地装置回到中性点。这样由于人体触电电流 I_0 的存在，同样由基尔霍夫电流定律可知电流间满足

$$\dot{I}_{L1} + \dot{I}_{L2} + \dot{I}_{L3} + \dot{I}_N + \dot{I}_0 = 0$$

从而

$$\dot{I}_{L1} + \dot{I}_{L2} + \dot{I}_{L3} + \dot{I}_{N} = \dot{I}_{0} \neq 0$$

（a）实物图

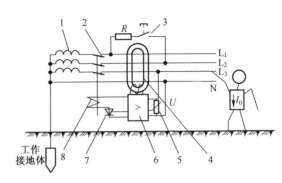
（b）原理图

1－供电变压器；2－主开关；3－试验按钮；4－零序电流互感器；
5－压敏电阻；6－放大器；7－晶闸管；8－脱扣器

图 3-17　电流型漏电保护器

即同一时刻 4 根线的电流和不再为零，产生了剩余电流。剩余电流使铁芯中有磁通通过，从而互感器的次级线圈有电流信号输出。互感器输出的微弱电流信号输入到电子放大器 6 进行放大，放大器的输出信号用作晶闸管 7 的触发信号，触发信号使晶闸管导通，晶闸管的导通电流流过脱扣器线圈 8 使脱扣器动作而将主开关 2 断开。压敏电阻 5 的阻值随其端电压的升高而降低，压敏电阻的作用是稳定放大器 6 的电源电压。

安装漏电保护器时应注意，负载侧的线路包括相线和工作零线不得与接地装置连接，也不得与保护零线连接。同时工作零线必须经过保护器，而保护零线不得经过保护器。

3.5　辅修内容

家庭供电与人们日常生活密切相关。近年来，随着生活水平的提高，家用电器的种类和数量都越来越多，特别是大功率家用电器的使用，大大增加了家庭用电负荷，也对配电线路的设计和安全用电提出了更高的要求。

3.5.1　家庭用电负荷

用电负荷是指一定时间内用户的用电设备在向电力系统取用的电功率的总和，以千瓦（kW）表示。家庭用电中，如果用电负荷超过了家庭用电容量，则容易造成轻则发生电源跳闸，重则短路、引起电气火灾的用电事故。规划家庭供电用电线路时，回路的设计划分、电线、开关、断路器的选择等均取决于家庭用电负荷，因此科学地估算用电负荷十分重要。

家庭用电负荷的估算方法较多，但常用的简便方法有功率估算法和电流估算法两种。功率估算法在估算时把电器的额定功率除以功率因数并相加，得到的总功率大小就是估算的结果。估算时需要注意，用电设备的类型不同，其功率因数也不同。家庭用电设备有两种类型：一类是有电动机的电感性负载，如电冰箱、空调器、洗衣机、电风扇、抽油烟机、吸尘器等；另一类是把电能转换成光能和热能的电阻性负载，如电饭煲、电炒锅、电炉、白炽灯等。电感性负载的用电器，其功率因数不等于 1，通常在 0.8 左右，因此按 0.8 进行估算，即要先将其额定功率除以 0.8 后再相加。电阻性负载其功率因数可视为 1，额定功率可直接相加。

电流估算法要稍微麻烦一些。对于电阻性负载，按单相供电（220V）计算，其每千瓦的功率对应的电流为 1000/220≈4.5A。因此电阻性负载用电电流大小等于该类设备总千瓦数×4.5A；而电感性用电设备其用电电流大小为

$$（电感性设备总千瓦数）/0.8×4.5A$$

上述两项电流的总和为该家庭用电电流总和。

需要注意的是，无论是采用功率估算法还是电流估算法来估算家庭用电总负荷时，只需要考虑所有同时使用的用电设备功率或电流之和即可。

3.5.2　家庭配电线路设计

家庭配电线路的设计应充分考虑家庭的用电负荷。目前，一般家庭的供电负荷为 4～6kW，入户电源仍然用单相三线制供电。而一些高等住宅用电负荷达 10kW 及以上，宜采用三相五线制供电。

单相三线制供电的家庭配电线路可分为单回路配电线路和多回路配电线路两种。单回路配电线路如图 3-18 所示，这种配电方式是所有的家用电器并联接入由火线和零线组成的同一个回路中，主要应用在城镇的老式住宅及农村。它的主要特点是线路简单、非常省线，缺点是电线负荷过大，电线老化快，一处出问题，全部出问题。所以，目前这种布线方式已经被淘汰。

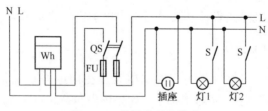

图 3-18　单回路配电线路

现代家庭的配电线路采用的是多回路配电线路。它又可分为两种方式：按房间布线的多回路方式和按功能布线的多回路方式。

某两室一厅按房间布线的多回路配电线路如图 3-19 所示。它的主要特点是比较省线和省工，缺点是一个房间里有大功率的电器、小功率的电器、空气开关等保护设备的配备，必须按大的规格配备，不利于小功率电器设备的保护，容易产生安全隐患。

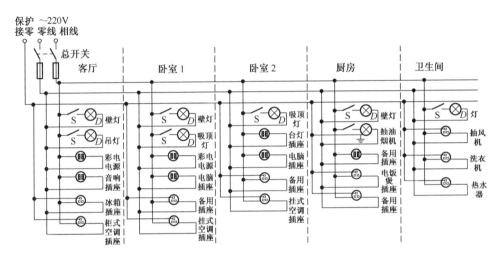

图 3-19　按房间布线的多回路配电线路

按功能布线的多回路配电方式，是目前的主流布线方式。2012 年 8 月 1 日开始执行的《住宅设计规范》要求："每套住宅空调电源插座、其他电源插座与照明应分路设置；厨房电源插座和卫生间电源插座，宜设置独立回路。"按功能布线的多回路配电方式，可以避免某个插座回路中电气设备出故障时，影响照明灯具和其他电气设备的正常工作。一般家庭住宅至少应有照明、电脑、空调、厨房、卫生间及其他普通插座等 6 个回路。在实际应用时还可以根据需要增设 1～2 个回路，如可设两个照明回路，当其中一个回路出现故障时，不会造成宅内全部黑暗，能给检修带来方便。在天气炎热时，有的家庭往往会同时使用两台空调器，一台制冷量较大的柜式空调器放在客厅，一台壁挂式空调器放在卧室，这时负荷可超过 4kW，所以也可用两回路供电。插座可根据实际应用分为两路或三路，厨房用的大功率电器相对比较多，而且使用的频率比较高，可单独使用一个回路；卫生间如果有电热水器或浴霸等大功率电器，也可以设一个单独的回路，而电脑、电视等其他电器用一路。图 3-20 为某两室一厅按功能布线的多回路配电线路。

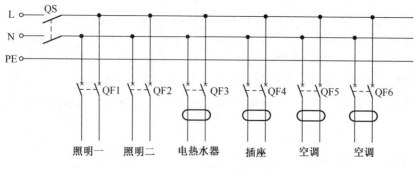

图 3-20　按功能布线的多回路配电线路

3.5.3　家庭用电安全

　　在普通家庭用电中，由于大多数家用电器的工作电压都是 220V，所以最容易出现的安全用电事故主要有以下两种类型：一种类型是由于电路短路、导线老化、用电负荷过大等其他原因引起的电起火；另一种类型就是不小心触及相线、电器的带电部分或触及电器的绝缘破损部分等引起的触电事故。

　　由于普通家庭的供电主要为单相三线制供电，因此触电的形式主要为单相触电。在日常工作和生活中，当人体碰触电源相线或低压用电设备的开关、灯头、电熨斗、洗衣机等家用电器的绝缘损坏带电部分，就会发生单相触电情况。单相触电时人体承受的电压是电源的相电压，通过人体的电流主要由人体本身电阻、人体与地面的绝缘情况决定。

　　单相触电又可分为单线触电和双线触电。双线触电的示意图如图 3-21 所示。双线触电时，由于人体同时接触了相线和中线，因此相线、人体和中线之间形成了通路，就会有电流流过人的身体，此时人站在绝缘板上或穿绝缘鞋等传统的保护措施将不起保护作用。

图 3-21　双线触电

　　单线触电可分为中线接地和中线不接地两种方式，其示意图如图 3-22 所示。

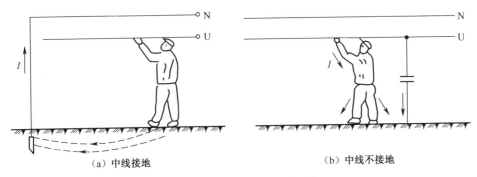

（a）中线接地　　　　　　　　　　　（b）中线不接地

图 3-22　单线触电的两种形式

中线接地情况下的单相触电，相线、人体、大地和中线构成了电流的回路，而在中线不接地的情况下，由于导线与地有分布电容，因此仍然可以由相线、人体、大地和相线与大地之间的分布电容构成电流的回路。

根据伤害程度不同，触电可分为电伤和电击两种。电伤是指人体外部受伤，如与带电体接触后的皮肤红肿等。电击是指电流通过人体而使内部器官受伤的现象，人体常因电击而死亡，它是最危险的触电事故。触电伤人的主要因素是电流，其伤害程度与流过人体的电流的频率、大小、时间及触电者本人的情况有关。研究证明，频率为 40～60Hz 的电流最危险。研究表明，工频交流 10mA 以上、直流在 50mA 以上的电流通过心脏和大脑时，触电者不能摆脱电源脱险，就会有生命危险，而且人体通电时间越长危险性越大。由欧姆定律可知，电流的大小取决于作用到人体上的电压和人体的电阻。通常皮肤干燥程度、接触面积等因素不同时，人体电阻也不相同，其值为几百至几万欧姆不等。单线触电时如果此时人体站在绝缘板上或穿绝缘鞋，人体与大地间的电阻就会很大，通过人体的电流将很小，这时不会发生触电危险。

要避免家庭用电事故，必须要掌握一定的用电安全知识，用电接线和平时操作时都应该严格遵守电气装置安全操作规则。具体而言，应该从以下几个方面加以注意：

（1）不要超负荷用电，对于空调、电热水器等大功率电器应使用专用线路，并对其金属外壳做好接地保护，同时正确配置熔断器等保护装置。

（2）当电气设备采用超过安全电压时，必须采取防止直接接触带电体的保护措施。我国国家标准《安全电压》（GB3805-83）规定视不同的工作环境，我国安全电压额定值的等级为五个等级，分别为 42V、36V、24V、12V 和 6V。特别危险环境中使用的手持电动工具应采用 42V 安全电压；有电击危险环境中，使用的手持式照明灯和局部照明灯应采用 36V 或 24V 安全电压；金属容器内、特别潮湿处等特别危险环境中使用的手持式照明灯应采用 12V 安全电压；在水下作业等场所工作应使用 6V 安全电压。

（3）认真做好绝缘。在许多场合下，操作者必须戴绝缘手套、穿绝缘鞋，或站在绝缘垫（台）上工作。采用这些绝缘安全用具使人与地面，或使人与工具的金属外壳隔离开来。但需注意的是，在低压带电设备上工作时，绝缘手套、绝缘鞋、绝缘垫（台）可作为基本安全用具使用，但在高压情况下，只能用作辅助安全用具。

（4）安装漏电保护装置。漏电保护器俗称漏电开关，是用于在电路或电器绝缘受损并发生漏电时的保护电器，一般安装于低压电网电源端或进线段，以实现对所属网络的整体保护。当漏电电流超过允许值时，漏电保护器能够自动切断电源或报警，以保证人身安全。漏电保护器动作灵敏，切断电源时间短，因此只要能够合理选用和正确安装、使用漏电保护器，除了保护人身安全以外，还有防止电气设备损坏及预防火灾的作用。

（5）接线时应注意选用合适截面积的导线、合格的开关和电器。照明灯具、开关、插头插座、接线盒以及有关电器附件等必须完整无损。

（6）养成良好的用电习惯，不私自乱拉、乱接电线，不随意将三眼插头改为两眼插头，不用湿手动电气设备及触碰开关插销，不用铁丝、铜丝代替保险丝等。

3.5.4　家庭节约用电

用电设备在使用过程除了转换成有用能量时必须消耗电能之外，还会产生一定电能的损耗。节约用电指的是采取各种措施，降低电能损耗，提高有效用电程度。基本措施主要有：

（1）普及电能的正确使用方法和节电的基本知识，让每个人都树立起节电意识，从小处做起。例如，电视机不要长时间处于待机状态，这样不仅耗电，而且会降低其寿命。空调匹数应与房间大小相配，使用时室温设置于 27～28℃为宜，定期清洗隔尘网，不要频繁启动。冰箱应置于阴凉通风处且冰箱内要适量存放食物，留有冷气对流空隙，不将热的食品放进电冰箱内，定期除霜和清除冷凝器表面积灰，保证冰箱吸热和散热性能。洗衣机应根据衣物的种类和脏污程度确定洗衣时间，同样长的洗涤周期，弱洗功能要比强洗功能费电且会降低电机寿命，所以使用中应尽量等存有足量待洗衣物时再使用洗衣机。

（2）更新用电设备，选用节能型新产品。如空调选购时应选能效比 2.45 以上或有中国节能产品认证标志的空调。同功率的空调器，能效比每提高 0.1，可节电 3%～4%。照明则应选用节能灯，使用节能灯价格虽高，但寿命长、耗电少，

14W 节能灯相当于 75W 白炽灯的亮度，可节电 75%。

本章小结

　　本章首先介绍了正弦量及其相量表示，然后介绍了三相四线制供电系统的连接方式、线电压与相电压的关系，重点对中线的作用进行了分析。最后介绍了阻抗及功率因数的概念、单相与三相电路功率的计算。

　　1. 本章要点

　　（1）随时间按正弦规律变化的电动势、电压或电流，统称为正弦量，幅值、角频率和初相位是正弦量的三要素。对于一个复数，如果让复数的模等于幅值或有效值，复数的辐角等于初相位，则这个复数可用以表示正弦量，称为相量。正弦量之间的运算可以转化成相量运算，并且相量满足基尔霍夫定律。

　　（2）三相电源由三相发电机产生，它们的有效值相等，相位互差 120°。三相电源的末端连接在一起称为中性点，由中性点引出的线称为中线，也称零线；三相电源的首端引出线称为相线，也称火线，这种形式的电源为三相四线制电源。在三相四线制电源中，相线与相线之间的电压称为线电压，用 U_L 表示；相线与中线之间的电压称为相电压，用 U_P 表示。线电压与相电压满足 $U_L = \sqrt{3}U_P$。

　　（3）电压相量除以电流相量定义为阻抗，负载可以用阻抗表示。三相负载的连接方式分为星形连接和三角形连接两种形式。星形连接的三相负载与三相四线制电源连接构成了三相四线制电路。在负载对称情况下，流过中线的电流等于零，中线可以省略；而在负载不对称情况下，流过中线的电流不等于零，中线不能省略。

　　（4）单相交流电路的有功功率计算式为 $P = UI\cos\varphi$，其中 φ 为电压与电流的相位差，$\cos\varphi$ 为功率因数。三相电路的有功功率等于每一相电路的有功功率之和。在三相负载对称情况下，三相电路的功率为 $P = 3U_P I_P \cos\varphi = \sqrt{3}U_L I_L \cos\varphi$，功率的计算与负载的连接方式无关。

　　2. 本章主要概念和术语

　　正弦量，相量，三相电源，三相四线制，相线，中线，线电压，相电压，阻抗，三相负载，有功功率，功率因数。

　　3. 本章基本要求

　　（1）理解正弦交流电的相量表示，并能运用相量法进行简单的电路分析与计算。

　　（2）掌握三相四线制中线电压与相电压之间的关系，理解中线的作用。

（3）掌握单相电路与对称三相电路有功功率的计算，理解功率因数的含义。

习题三

3-1　选择题

（1）已知正弦电流的有效值相量为 $\dot{I}=10\angle-45°\text{A}$，则此电流的瞬时表达式是（　　）。

　　A．$10\sin(\omega t-45°)\text{A}$　　　　　　　　　B．$10\sin(\omega t+45°)\text{A}$

　　C．$10\sqrt{2}\sin(\omega t-45°)\text{A}$

（2）白炽灯的额定工作电压为220V，它允许承受的最大电压是（　　）。

　　A．220V　　　　　　　B．311V　　　　　　　C．380V

（3）若要求三相负载中各相电压均为电源相电压，则负载应接成（　　）。

　　A．星形有中线　　　　　B　星形无中线　　　　C　三角形连接

（4）下列结论中错误的是（　　）。

　　A．当负载作 Y 连接时，必须有中线

　　B．三相负载越接近对称，中线电流就越小

　　C．当负载作 Y 连接时，线电流必等于相电流

（5）对称三相电路总有功功率为 $P=\sqrt{3}U_L I_L\cos\varphi$，式中的 φ 角是（　　）

　　A．线电压与线电流之间的相位差角

　　B．相电压与相电流之间的相位差角

　　C．线电压与相电流之间的相位差角

3-2　填空题

（1）已知正弦电压的有效值为 200V，频率为 100Hz，初相位为 -45°，则其瞬时值表达式为 $u=$ _____。

（2）我国在三相四线制（低压供电系统）的照明电路中，相电压是_____V，线电压是_____V。

（3）对称三相负载作星形连接，接在线电压为 380V 的三相四线制电源上，此时负载端的相电压等于_____倍的线电压，相电流等于_____倍的线电流，中线电流等于_____。

（4）在三相不对称负载电路中，中线能保证负载的_____等于电源的_____。

（5）三相交流电路中，只要负载对称，无论作何连接，其有功功率均为_____。

3-3　已知复数 $A=-8+j6$ 和 $B=3+j4$，试求 $A+B$，$A-B$，AB 和 A/B。

3-4　已知相量 $\dot{I}_1=(2\sqrt{3}+j2)\text{A}$，$\dot{I}_2=(-2\sqrt{3}+j2)\text{A}$，试把它们化为极坐标式，并写成正弦量 i_1，i_2。

3-5　如图 3-23 所示，$i_1=6\sqrt{2}\sin(\omega t+30°)$，$i_2=8\sqrt{2}\sin(\omega t-60°)$，求 $i=i_1+i_2$。

图 3-23　题 3-5 的图

　　3-6　一批单相用电设备，额定电压均为 220V，若接在三相电源上工作，当电源线电压为 380V，应如何连接？若电源线电压为 220V，又该如何连接？

　　3-7　对称三相感性负载星形连接，线电压为 380V，线电流 5.8A，三相功率 $P = 3.05\text{kW}$，求三相电路的功率因素和每相负载 Z 的阻抗模。

　　3-8　某三相对称负载，每相阻抗 $Z = (8 + \text{j}6)\Omega$，将负载连成星形，接于线电压 380V 的三相电源上。试求：相电压、线电流和三相有功功率的大小。

第 4 章　信号放大与运算电路

 内容提要

　　本章主要介绍共发射极放大电路的工作原理和分析方法，以及由集成运放构成的比例、加法、减法等运算电路。

4.1　共发射极放大电路

　　放大电路（又称放大器），是模拟电路的基本单元。如自动控制技术中控制信号的放大，检测技术中传感器电信号的放大以及通信技术中电信号的放大等，都要用到放大电路。

　　所谓放大，从表面上看是将信号由小变大；实质上，放大的过程是实现能量转换的过程，即输入小信号通过晶体管的电流控制作用，把电源提供的能量转换为较大的信号输出。共发射极放大电路是应用极为广泛的基本放大电路。本节首先介绍放大电路的基本组成，然后讨论放大电路的静态分析方法和动态分析方法。

　　【问题引导】如何用晶体管构成基本放大电路？怎样分析放大电路？

4.1.1　共发射极放大电路的工作原理

1. 电路的组成

　　由一只晶体管组成的放大电路，是放大电路中最基本的单元电路，称为单管放大电路。图 4-1 是一个单管共发射极放大电路。它由晶体管、直流电源 V_{CC}、基极电阻 R_B、集电极电阻 R_C、负载电阻 R_L、耦合电容 C_1 和 C_2 等元件组成。

　　各元件的作用如下：

　　（1）晶体管：放大元件，是整个放大电路的核心。

　　（2）直流电源 V_{CC}：一方面为晶体管提供合适的直流偏置（使晶体管的发射结正偏，集电结反偏，保证晶体管工作在放大状态）；另一方面又为放大电路提供能量。

　　（3）集电极电阻 R_C：将集电极电流的变化量转换为电压的形式输出。

　　（4）基极电阻 R_B：一方面与 V_{CC} 一起保证发射结正偏；另一方面又为晶体

管提供一个合适的基极电流 I_B，这个电流称为偏置电流，简称偏流。R_B 又称为偏置电阻。

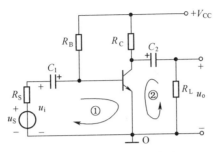

图 4-1　共发射极放大电路

（5）耦合电容 C_1、C_2：起到"隔直通交"的作用。"隔直"是指利用电容对直流"开路"的特点，隔离信号源与放大电路、放大电路与负载之间的直流联系，以保证它们的直流工作状态相互独立，互不影响。"通交"是指利用电容对输入交流信号"短路"的特点，使输入信号能顺利通过。为了使电容对输入信号的交流阻抗接近于零，必须选用电容量较大的电解电容。连接时应注意其极性。

电路中有两个回路：回路①为输入回路，其中 u_S 为信号源电压，R_S 为信号源内阻，u_i 为待放大的输入信号电压；回路②为输出回路，u_o 为信号放大后的输出电压。可见，被放大的信号 u_i 从晶体管的基极送入，放大后的输出信号 u_o 从晶体管的集电极送出。发射极是输入回路和输出回路的公共端，故称为共发射极放大电路。

在电路中，将输入电压 u_i、输出电压 u_o 及直流电源 V_{CC} 的公共端"O"点称为公共"地"，用符号"⊥"表示。实际上，"地"端并不真正接大地，而是作为电路的参考电位点，即零电位点。如电源 V_{CC} 习惯上不画电源符号，而只在连接其正极的一端标出它对"地"的电压 V_{CC} 和极性（"+"或"−"）。上述电路采用的是 NPN 管，如果改用 PNP 管，只需将电源 V_{CC} 和电解电容 C_1、C_2 的极性颠倒一下即可。

2．工作原理

在基本放大电路中，既有直流电源形成的直流分量，又有交流输入信号而产生的交流分量，交、直流分量叠加形成瞬时值（或称为混合量）。

当放大电路中不加输入信号（即 $u_i = 0$）时，电路中只有直流电源存在。这时，各处的电压、电流都是固定不变的直流量，电路处于直流工作状态，简称静态。静态时的基极电流、集电极电流和管压降分别为 I_{BQ}、I_{CQ} 和 U_{CEQ}。在晶体管的输入、输出特性曲线上，I_{BQ}、I_{CQ} 和 U_{CEQ} 有一个点 Q 与之对应，Q 点即称为静态工作点。

当外加输入信号时，输入信号 u_i 通过电容 C_1 加到晶体管的发射结，在直流电

压 U_{BE} 的基础上叠加了一个交流量 u_{be}，变成了混合量 $u_{BE} = U_{BEQ} + u_{be}$。当发射结电压发生变化时，又引起基极电流产生相应的变化，即 $i_B = I_{BQ} + i_b$。而基极电流的变化将引起集电极电流发生更大的变化（在放大区晶体管的电流放大作用），即 $i_C = I_{CQ} + i_c = \beta I_{BQ} + \beta i_b$。集电极电流的变化量 i_c 通过集电极电阻 R_C，使集电极电压也发生相应的变化，即 $u_{CE} = U_{CEQ} + u_{ce}$。因为 $R_C i_C + u_{CE} = V_{CC}$，而 V_{CC} 是恒定不变的，所以 u_{CE} 的变化量 u_{ce} 与 R_C 上压降的变化量 $i_c R_C$ 数值相等而极性相反，即 $u_{ce} = -i_c R_C$。在本电路中，集电极电压的变化量 u_{ce} 即为输出电压 u_o，故 $u_o = \Delta u_{CE} = u_{ce}$。图 4-2 为放大电路各电压、电流的波形图。

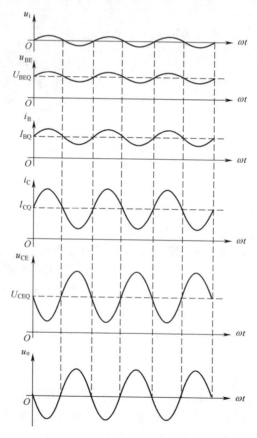

图 4-2　放大电路正常工作情况下的波形图

由上述分析可以看到，放大电路中直流、交流共存，并且起着不同的作用。直流是基础，它保证晶体管工作在放大状态，并同时为晶体管提供合适的直流偏置（亦称为静态工作点）；交流信号是被放大的对象，放大后输出到负载 R_L。显然，放大电路如果不加直流量，仅输入交流信号不能使放大电路正常工作。这是因为输入信号的幅度很小，一般在毫伏数量级，而晶体管是一个存在死区的非线性器件。如此小的交流信号加到晶体管的发射结上，根本不足以克服其死区。也就是说，晶体管仍然处于截止状态，放大电路当然不能正常工作。即使信号的峰值较大，由于交流信号的幅度和极性随时间而变，也不能保证晶体管在信号的整个周期内均处于导通状态。因此，要想输入信号被不失真地放大，必须给放大电路加合适的直流偏置，即提供合适的静态工作点。

4.1.2　共发射极放大电路的静态分析

放大电路的分析是在理解放大电路工作原理的基础上，求解静态工作点和动态参数。合适的静态工作点能保证放大器件在信号的整个周期内都工作在放大状态，使输入信号能够得到不失真的放大。因此，分析放大电路的步骤是先静态、后动态。

在直流工作状态下，对直流量的分析计算称为静态分析。静态分析旨在求解放大电路处于静态时的 I_{BQ}、I_{CQ} 和 U_{CEQ}。需要注意的是，估算静态工作点应该在直流通路中进行。直流通路是在直流电源作用下，直流电流流经的通路。

画直流通路应遵循的原则：电容视为开路；信号源短路，但保留其内阻。根据这一原则，可画出图 4-1 的共发射极放大电路的直流通路如图 4-3 所示。

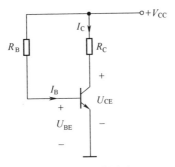

图 4-3　直流通路

下面以图 4-3 的直流通路为例说明求静态工作点的基本步骤：

第一步，列输入回路 KVL 方程求 I_{BQ}

由
$$V_{CC} = I_{BQ}R_B + U_{BEQ}$$

得
$$I_{BQ} = \frac{V_{CC} - U_{BEQ}}{R_B} \approx \frac{V_{CC}}{R_B} \quad (\mu A)$$

第二步，根据放大区电流方程求 I_{CQ}

$$I_{CQ} = \beta I_{BQ} \quad (\text{mA})$$

第三步，列输出回路 KVL 方程求 U_{CEQ}

由
$$V_{CC} = I_{CQ} R_C + U_{CEQ}$$

得
$$U_{CEQ} = V_{CC} - I_{CQ} R_C$$

由上面的分析可知，当 R_B 确定后，I_{BQ} 就确定了，因此，I_{BQ} 称为固定偏流，图 4-1 所示的共发射极放大电路又称为固定偏置放大电路。

例 4-1 在图 4-1 所示的共发射极放大电路中，已知 $V_{CC} = 12\text{V}$，$R_B = 300\text{k}\Omega$，$R_C = 3\text{k}\Omega$，$R_L = 3\text{k}\Omega$，$\beta = 50$，晶体管为硅管。试求放大电路的静态工作点。

解： 由图 4-3 直流通路可得

$$I_{BQ} = \frac{V_{CC} - U_{BEQ}}{R_B} \approx \frac{V_{CC}}{R_B} = \frac{12}{300}\text{mA} = 40\mu\text{A}$$

$$I_{CQ} = \beta I_{BQ} = 2\text{mA}$$

$$U_{CEQ} = V_{CC} - I_{CQ} R_C = 6\text{V}$$

4.1.3 共发射极放大电路的动态分析

所谓动态分析，就是指分析放大电路的交流工作情况。动态分析的目的旨在研究放大电路的放大能力。一般步骤为：先画出交流通路，再画微变等效电路，然后定量计算放大电路的性能指标。

1. 晶体管的微变等效模型

所谓微变等效电路法，是指晶体管作为非线性元件，当工作在放大区且输入信号是变化范围很小的小信号（微变）时，晶体管可以等效为线性元件。因此，整个电路可视为线性电路，从而用线性分析方法来研究放大电路。可见，微变等效电路分析法的关键是晶体管的小信号模型，即晶体管的微变等效模型。

（1）输入回路。

在共发射极电路中，当输入信号很小时，如图 4-4 所示，在放大区的静态工作点 Q 点附近的输入特性曲线 Q_1Q_2 可以近似看成是直线，则晶体管的输入回路可以用动态电阻 r_{be} 来反映，即

$$r_{be} = \frac{\Delta U_{BE}}{\Delta I_B} = \frac{u_{be}}{i_b}$$

r_{be} 称为晶体管的输入电阻，一般为几百到几千欧姆。低频小功率晶体管的 r_{be} 常用下面公式估算

$$r_{be} \approx r_{bb'} + (1+\beta)\frac{26(\text{mV})}{I_E(\text{mA})}(\Omega) \tag{4-1}$$

式（4-1）中，I_E 为晶体管 Q 点对应的发射极电流，单位为 mA；$r_{bb'}$ 为基区体电阻，其值在 100～300Ω 之间，在估算时通常取 $r_{bb'} = 200Ω$。

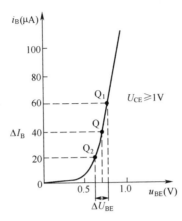

图 4-4 晶体管输入小信号时的线性特征

（2）输出回路。

晶体管工作在放大区，I_C 受 I_B 的控制，变化量 ΔI_B 也会使集电极电流产生变化量 ΔI_C。则 ΔI_C 只受 ΔI_B 的控制，而与 U_{CE} 无关。因此输出回路在小信号的作用下，有

$$\Delta I_C = \beta \Delta I_B$$

或

$$i_c = \beta i_b$$

因此，晶体管的 B、E 之间可以等效为一个线性电阻 r_{be}，C、E 之间可以用一个受控电流源（CCCS）来等效代替。如图 4-5 所示，（a）为晶体管，（b）为晶体管微变等效模型。

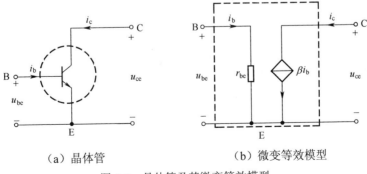

（a）晶体管　　　　　　　　（b）微变等效模型

图 4-5 晶体管及其微变等效模型

上述电路模型只适用于小信号的情况，且因忽略了 U_{CE} 对 I_B 和 I_C 的影响，故称为晶体管的简化小信号模型。

2. 放大电路的微变等效电路

晶体管的交流小信号电路模型只适用于交流小信号，只能用来分析放大电路中的交流分量，也就是信号源单独作用时的电路，称为放大电路的交流通路。也就是说，在对放大电路进行静态分析时要画出它的直流通路，而进行动态分析时，则要画出它的交流通路。

画交流通路应遵循的原则：①大容量的电容（如耦合电容、发射极或基极旁路电容等）对交流输入信号的阻抗很小，视为短路；②无内阻的直流电源（如 V_{CC}、V_{EE} 等）视为短路。根据这一原则可画出图 4-1 放大电路的交流通路如图 4-6 所示。

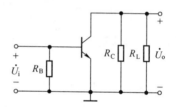

图 4-6   图 4-1 放大电路的交流通路

由晶体管的微变等效模型和放大电路的交流通路可得出放大电路的微变等效电路。把交流通路中的晶体管用它的微变等效电路代替，便得到在小信号情况下对放大电路进行动态分析的等效电路，称为放大电路的微变等效电路。根据图 4-6 的交流通路可画出其微变等效电路如图 4-7 所示。利用微变等效电路便可计算放大电路的主要性能指标。

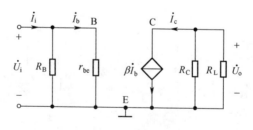

图 4-7   微变等效电路

（1）电压放大倍数 A_u。

放大电路的输出电压变化量与输入电压变化量的比值，称为放大电路的电压

放大倍数，又称电压增益。它体现了放大器对输入信号电压的放大能力。其表达式为

$$A_u = \frac{\Delta U_o}{\Delta U_i}$$

在输入信号为正弦交流信号时，也可以用输出电压和输入电压的相量之比，即

$$A_u = \frac{\dot{U}_o}{\dot{U}_i}$$

其绝对值

$$|A_u| = \frac{U_o}{U_i} = \frac{U_{om}}{U_{im}}$$

在图 4-7 中，列输入回路电压方程可得

$$\dot{U}_i = r_{be} \dot{I}_b$$

由晶体管输入电阻的计算公式可得

$$r_{be} \approx 200 + (1 + \beta) \frac{26(\text{mV})}{I_E(\text{mA})} (\Omega)$$

列输出回路电压方程可得

$$\dot{U}_o = -\dot{I}_c R'_L = -\beta \dot{I}_b R'_L$$

式中：$R'_L = R_C // R_L$。

所以

$$A_u = \frac{\dot{U}_o}{\dot{U}_i} = -\beta \frac{R'_L}{r_{be}}$$

电压放大倍数中的负号表示输入电压与输出电压的极性相反，这是共发射极放大电路的基本特征之一。

（2）输入电阻 r_i。

放大电路对信号源（或前级放大电路）来说，是一个负载，可用一个电阻来等效代替。这个电阻是信号源的负载电阻，是从放大电路输入端看进去的等效动态电阻，也就是放大电路的输入电阻 r_i。

输入电阻 r_i 在数值上应等于输入电压的变化量与输入电流的变化量之比，即

$$r_i = \frac{\Delta U_i}{\Delta I_i}$$

当输入信号为正弦交流信号时

$$r_i = \frac{\dot{U}_i}{\dot{I}_i}$$

由图 4-7，可得

$$r_i = \dot{U}_i / \dot{I}_i = R_B // r_{be} \approx r_{be}$$

如果放大电路的输入电阻较小，将从信号源取用较大的电流，从而增加信号源的负担；同时，经过信号源内阻 R_S 和输入电阻 r_i 的分压，使实际加到放大电路的输入电压 u_i 减小，从而减小输出电压。因此，通常希望放大电路的输入电阻 r_i 大一些。

因此，输入电阻 r_i 是表明放大电路从信号源取用电流大小的参数。电路的输入电阻越大，从信号源取得的电流就越小，放大电路的输入电压就越大、越稳定。

（3）输出电阻 r_o。

从放大电路的输出端看，放大电路可以等效为一个电阻，即输出电阻 r_o。图 4-7 的输出端口的开路电压 $\dot{U}_{oc} = -\dot{I}_c R_C = -\beta \dot{I}_b R_C$，短路电流 $\dot{I}_{sc} = -\dot{I}_c = -\beta \dot{I}_b$，则

$$r_o = \frac{\dot{U}_{oc}}{\dot{I}_{sc}} = \frac{-\beta \dot{I}_b R_C}{-\beta \dot{I}_b} = R_C$$

输出电阻 r_o 是描述放大电路带负载能力及负载匹配的一项技术指标。r_o 愈小，说明放大电路的带负载能力愈强。同时在工程实践中，要注意放大电路的输出电阻和负载的匹配，以输出最大功率。

例 4-2　求例 4-1 放大电路的电压放大倍数、输入电阻和输出电阻。

解：可画出放大电路的微变等效电路如图 4-7，则

$$r_{be} \approx 200 + (1+\beta)\frac{26(mV)}{I_E(mA)}(\Omega) = \left(200 + 51 \times \frac{26}{2}\right)\Omega = 863\Omega = 0.863k\Omega$$

（1）电压放大倍数

$$A_u = \frac{\dot{U}_o}{\dot{U}_i} = -\beta\frac{R'_L}{r_{be}} = -50 \times \frac{1.5}{0.863} = -86.9$$

（2）输入电阻

$$r_i = R_B // r_{be} = 300 // 0.863 \approx 0.863k\Omega$$

（3）输出电阻

$$r_o = R_C = 3k\Omega$$

3. 非线性失真

若晶体管进入非线性区（截止区或饱和区）而失真，称为非线性失真。

（1）静态工作点的位置不合适引起的失真。

① 当静态工作点 Q 偏高时，因为靠近饱和区而导致 i_B 增大时，i_C 达到最大值后不再增大，i_C 波形发生失真，从而导致 u_{CE} 输出波形失真，称为饱和失真。静态工作点偏高引起的饱和失真如图 4-8 所示。

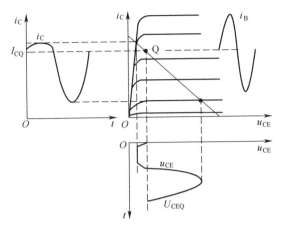

图 4-8　静态工作点偏高引起的饱和失真

② 当静态工作点 Q 偏低时,因为靠近截止区导致出现 $i_B = 0$ 和 $i_C = 0$ 的情况,从而引起 i_B 和 i_C 波形失真,最终引起 u_{CE} 输出波形失真,称为截止失真。静态工作点偏低引起的截止失真如图 4-9 所示。

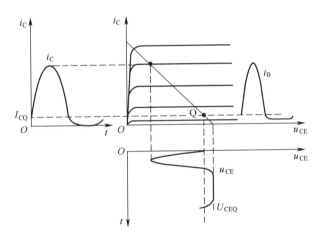

图 4-9　静态工作点偏低引起的截止失真

由此可见,之所以设置合适的静态工作点,就是避免因其不合适而发生失真现象。在实验室用示波器观察基本放大电路的波形失真情况,如图 4-10 所示。

(2) 信号过大引起的失真。

如图 4-11 所示,即使静态工作点 Q 合适,当信号过大时,则交流信号的动态范围过大,以至于分别进入饱和区和截止区,致使交流信号的正、负半周均发生失真现象,俗称"截止-饱和失真"或"饱和-截止失真"。这就是在微变等效电路分析中，限定输入信号为微变小信号的原因。

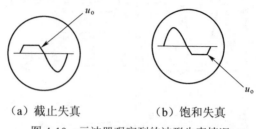

（a）截止失真　　　（b）饱和失真

图 4-10　示波器观察到的波形失真情况

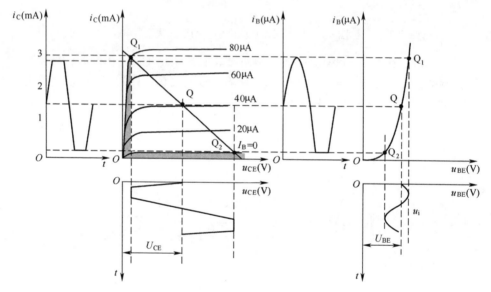

图 4-11　信号过大引起的失真

（3）温度变化引起的失真。

即使静态工作点合适、输入小信号，若温度变化较大，也会引起静态工作点 Q 变化以至于失真。如图 4-12 所示，由于 I_{CBO} 和 I_{CEO} 对温度敏感，在常温下 I_{CBO} 和 I_{CEO} 忽略不计，但是，当温度升高很多时，则不能忽略为零了。因此，温度升高时，会使输出特性曲线上移。而直流负载线不变，这样，静态工作点 Q 会上移至 Q′，以至于靠近饱和区而发生饱和失真。

晶体管作为一种半导体元件，对温度十分敏感，属于热敏元件。一般来说，若温度升高 1℃，β 值约增加 0.5%～1%，U_{BE} 约下降 2mV；温度每升高 10℃，I_{CBO} 将增加近一倍。因此，必须设法稳定静态工作点，否则将严重影响放大性能。

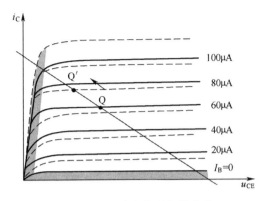

图 4-12　温度变化引起的失真

【思考与讨论】

共发射极放大电路出现信号放大失真时，有哪些解决方法？

共发射极放大电路小结：

　　*由晶体管组成的单管放大电路，如果被放大的信号 u_i 从晶体管的基极送入，放大后的输出信号 u_o 从晶体管的集电极送出，则发射极是输入回路和输出回路的公共端，这种电路称为共发射极放大电路。

　　*共发射极放大电路的分析分为静态分析和动态分析。静态分析是对放大电路的直流通路进行分析，求出静态工作点 I_{BQ}、I_{CQ} 和 U_{CEQ}。合适的静态工作点是晶体管处在放大状态、信号能够无失真放大的前提。动态分析是求信号放大时的电路动态性能指标，主要有电压放大倍数 A_u、输入电阻 r_i 和输出电阻 r_o。

　　*由晶体管的微变等效模型和放大电路的交流通路可得出放大电路的微变等效电路。小信号条件下，动态分析的主要方法是微变等效电路法。画微变等效电路的目的是将放大电路的非线性转换成线性电路进行分析和计算。由共发射极放大电路的微变等效电路可求出其 $A_u = -\beta \dfrac{(R_C /\!/ R_L)}{r_{be}}$，$r_i \approx r_{be}$，$r_o = R_C$。

　　*信号放大时，当静态工作点偏高，容易出现饱和失真；静态工作点偏低，则容易出现截止失真。信号过大时，容易出现饱和－截止失真。温度变化时，会引起静态工作点发生偏移，也容易出现信号失真。

4.2　运算放大电路

【问题引导】信号处理中，除了对信号放大外，经常需要对信号进行运算，如在人的讲话中加入背景音乐，在电路中该如何实现呢？

利用集成运放工作在线性区的特性，可以构成比例、加法、减法、积分与微分、指数与对数、乘法与除法等运算电路。

集成运放工作在线性区的条件是通过外部电路引入负反馈。凡是将放大电路输出端的信号（电压或电流）的一部分或全部引回到输入端，与输入信号叠加，就称为反馈。如图 4-13 所示，（a）集成运放的输出端和输入端之间没有外部电路连接，为无反馈的放大电路；（b）输出端和同相输入端之间有反馈电阻 R_f 连接，并且 u_o 可以影响 u_+ 的大小，从而影响集成运放的净输入 $u_+ - u_-$，为有反馈的放大电路；（c）虽然电阻 R_1 连接在集成运放的同相输入端和输出端之间，但它并没有改变 u_+ 的大小，为无反馈的放大电路。

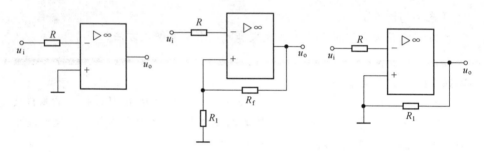

　　（a）无反馈的放大电路　　　（b）有反馈的放大电路　　　（c）无反馈的放大电路

图 4-13　有、无反馈的放大电路

具有反馈的电路中，若引回的信号削弱了输入信号，即使得 $|u_+ - u_-|$ 减小，就称为负反馈。若引回的信号增强了输入信号，即使得 $|u_+ - u_-|$ 增大，就称为正反馈。无反馈时电路的电压放大倍数称为开环电压放大倍数（A_o），而有反馈时电路的电压放大倍数称为闭环电压放大倍数（A_f）。

本节主要介绍由集成运放构成的比例、加法、减法运算电路，电路中的反馈类型都是负反馈。

4.2.1　比例运算电路

运算放大器实现的最基本的运算电路就是比例运算电路，后面介绍的加法运算电路、减法运算电路等都是以比例运算电路为基础。

1. 反相比例运算电路

如果输入信号从反相输入端引入的运算，就是反相运算。

电路如图 4-14 所示。输入信号 u_i 经电阻 R_1 送到反相输入端，而同相输入端通过电阻 R_2 接"地"。

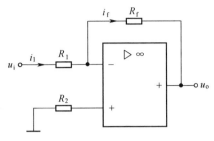

图 4-14　反相比例运算电路

根据理想集成运放工作在线性区可知：

因为　　　　　　　　　　$i_+ = i_- = 0$（"虚断"）

所以　　　　　　　　　　$i_1 = i_f$

又因为　　　　　　　$u_+ = u_-$（"虚短"）

则 $u_+ = u_- = 0$，反相输入端虽然未直接接地，但其电位却为零，这种情况称为"虚地"。

由图 4-14 可得

$$i_1 = \frac{u_i - u_-}{R_1} = \frac{u_i}{R_1}$$

$$i_f = \frac{u_- - u_o}{R_f} = -\frac{u_o}{R_f}$$

可得

$$u_o = -\frac{R_f}{R_1} u_i$$

可见，输出电压与输入电压是比例运算关系，比值与集成运放本身的参数无关，只取决于外接电阻 R_1 和 R_f 的大小。这就保证了比例运算的精度和稳定性。式中的负号表示 u_o 与 u_i 反相，故称反相比例。

反相比例系数也就是放大倍数，该电路的闭环电压放大倍数为

$$A_f = \frac{u_o}{u_i} = -\frac{R_f}{R_1}$$

如果 $R_1 = R_f$，则 $u_o = -u_i$，此电路称为反相器。

图 4-14 中的 R_2 称为平衡电阻，$R_2 = R_1 // R_f$，其作用是使集成运放的输入端差分放大电路静态时两个输入端对"地"有相同的等效电阻，以保证差分放大电路的对称性，消除放大器的偏置电流及其漂移的影响。

例 4-3　电路如图 4-15 所示，试求 u_o 与 u_i 的关系表达式。

解：根据理想集成运放工作在线性区时的"虚短"和"虚断"可知

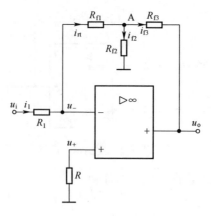

图 4-15　例 4-3 的电路

$$i_1 = i_{f1}$$
$$u_+ = u_- = 0$$

则

$$i_1 = \frac{u_i}{R_1}\ ,\ \ i_{f1} = \frac{-u_A}{R_{f1}}\ ,\ \ u_A = \frac{\left(R_{f1}\ //\ R_{f2}\right)}{\left(R_{f1}\ //\ R_{f2}\right)+R_{f3}}u_o$$

可得

$$u_o = -\frac{u_i}{R_1}\left(R_{f1} + R_{f3} + \frac{R_{f1}R_{f3}}{R_{f2}}\right)$$

2. 同相比例运算电路

电路如图 4-16 所示。输入信号 u_i 经电阻 R_2 送到同相输入端，而反相输入端通过电阻 R_1 接"地"。

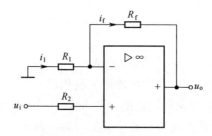

图 4-16　同相比例运算电路

根据理想集成运放工作在线性区时的"虚短"和"虚断"可知

$$i_1 = i_f$$

$$u_+ = u_- = u_i$$

由图 4-16 可列出

$$i_1 = -\frac{u_-}{R_1} = -\frac{u_i}{R_1}$$

$$i_f = \frac{u_- - u_o}{R_f} = \frac{u_i - u_o}{R_f}$$

由此得出

$$u_o = \left(1 + \frac{R_f}{R_1}\right)u_i$$

可见，u_o 与 u_i 是比例运算关系，比值总是大于或等于 1，表明 u_o 与 u_i 同相。

对于如图 4-17 所示电路，可知 $u_o = u_i$，称为电压跟随器。

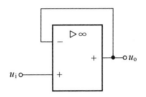

图 4-17　电压跟随器

4.2.2　求和运算电路

1. 加法运算电路

电路如图 4-18 所示。根据理想集成运放工作在线性区时的"虚短"和"虚断"可知

$$i_{i1} + i_{i2} + i_{i3} = i_f, \quad u_+ = u_- = 0$$

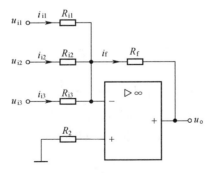

图 4-18　反相加法运算电路

同时

$$i_{i1} = \frac{u_{i1}}{R_{i1}}, \quad i_{i2} = \frac{u_{i2}}{R_{i2}}, \quad i_{i3} = \frac{u_{i3}}{R_{i3}}, \quad i_f = -\frac{u_o}{R_f}$$

所以

$$u_o = -\left(\frac{R_f}{R_{i1}} u_{i1} + \frac{R_f}{R_{i2}} u_{i2} + \frac{R_f}{R_{i3}} u_{i3} \right) \tag{4-2}$$

当 $R_{i1} = R_{i2} = R_{i3} = R_1$ 时，则式（4-2）为

$$u_o = -\frac{R_f}{R_1} (u_{i1} + u_{i2} + u_{i3}) \tag{4-3}$$

当 $R_1 = R_f$ 时，则式（4-3）为

$$u_o = -(u_{i1} + u_{i2} + u_{i3})$$

由上面三式可见，加法运算电路也与集成运放本身的参数无关，只要电阻阻值足够精确，就可保证加法运算的精度和稳定性。电阻 R_2 为平衡电阻，且 $R_2 = R_{i1} // R_{i2} // R_{i3} // R_f$。

例 4-4　试设计能实现运算关系 $u_o = -(u_{i1} + 0.5u_{i2})$ 的电路。

解： 可用图 4-19 反相加法运算电路实现。设 $R_f = 10\text{k}\Omega$。

$$u_o = -(u_{i1} + 0.2u_{i2}) = -\left(\frac{R_f}{R_1} u_{i1} + \frac{R_f}{R_2} u_{i2} \right)$$

$$R_1 = \frac{R_f}{1} = \frac{10}{1}\text{k}\Omega = 10\text{k}\Omega$$

$$R_2 = \frac{R_f}{0.2} = \frac{10}{0.2}\text{k}\Omega = 50\text{k}\Omega$$

$$R = R_1 // R_2 // R_f \approx 4.5\text{k}\Omega$$

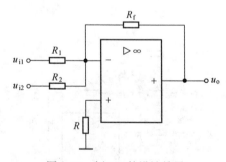

图 4-19　例 4-4 的设计结果

2. 减法运算电路

如果两个输入端都有信号输入，则为差动输入。差动运算在测量和控制系统

中应用广泛，其运算电路如图 4-20 所示。

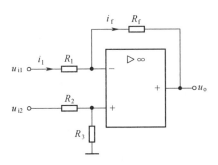

图 4-20　减法运算电路

$$u_- = u_{i1} - R_1 i_1 = u_{i1} - \frac{R_1(u_{i1} - u_o)}{R_1 + R_f}$$

$$u_+ = \frac{R_3}{R_2 + R_3} u_{i2}$$

因为 $u_+ = u_-$（"虚短"），故可得

$$u_o = \left(1 + \frac{R_f}{R_1}\right)\frac{R_3}{R_2 + R_3} u_{i2} - \frac{R_f}{R_1} u_{i1} \qquad (4\text{-}4)$$

当 $R_1 = R_2$ 和 $R_f = R_3$ 时，则式（4-4）为

$$u_o = \frac{R_f}{R_1}(u_{i2} - u_{i1}) \qquad (4\text{-}5)$$

当 $R_1 = R_f$ 时，则式（4-5）为

$$u_o = u_{i2} - u_{i1}$$

由于电路存在共模电压，为了保证运算精度，应当选用共模抑制比较高的集成运放或选用阻值合适的电阻。

例 4-5　已知电路如图 4-21 所示，试求输出电压 u_o。

解： A_1、A_2 均为电压跟随器，因此

$$u_{o1} - u_{o2} = \frac{u_{i1} - u_{i2}}{R_1}(R_1 + 2R_2)$$

A_3 是差动运算电路，则

$$u_o = \frac{R_4}{R_3}(u_{o2} - u_{o1}) = -\frac{R_4}{R_3}\left(1 + \frac{2R_2}{R_1}\right)(u_{i1} - u_{i2})$$

从电路结构上看，电路中的运放 A_1、A_2 均采用同相输入，输入电阻高，而且由于电路结构对称，抑制共模信号能力强。该电路适于放大弱信号，是测量仪表

中常用的基本电路。

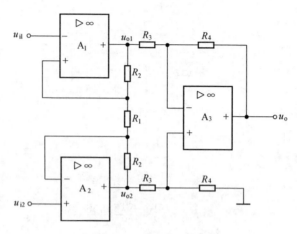

图 4-21   例 4-5 的图

【思考与讨论】

反相比例运算放大电路与共发射极放大电路都可以起信号放大作用，它们在使用时有何不同？

📖 **运算放大电路小结：**

*集成运放要构成运算放大电路，必须引入负反馈，使得运放工作在线性区。

*集成运放工作在线性区时，满足"虚短"（$i_+ = i_- = 0$）和"虚断"（$u_+ = u_-$），并由此可推导出各种运算电路的输入和输出关系。

*比例运算电路分为反相比例运算电路和同相比例运算电路。反相比例运算电路的电压放大倍数为 $A_f = \dfrac{u_o}{u_i} = -\dfrac{R_f}{R_1}$；同相比例运算电路的电压放大倍数为 $u_o = (1 + \dfrac{R_f}{R_1})u_i$。

*求和运算电路可分为加法运算电路和减法运算电路。

4.3 应用实例

4.3.1 简单运放混音器

加法器实际上就是把多个输入信号通过输入电阻送入到反相放大器中。根据这一原理，可以设计出一个由理想运放所构成的 3 信号简单混音器，其电路如图 4-22 所示。

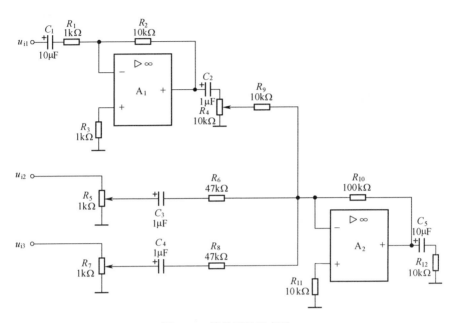

图 4-22　简单运放混音器

混音器中，u_{i1} 为混音前需要放大的信号，如麦克风信号，u_{i1} 先经过反相放大器放大后再进入加法器；而信号 u_{i2} 和 u_{i3} 不需要预先放大，如普通的音源信号，它们可以直接送入加法器。经过加法器的相加运算，不同信号被混合在一起从 u_o 输出。如果信号在音频范围内，把 u_o 的信号进行功率放大后驱动扬声器，就可以听到不同音源的混合音。

4.3.2　触摸延时照明开关

在许多建筑物的楼道、洗手间等场合都设有延时照明开关，图 4-23 就是用触摸的方式来打开白炽灯的触摸延时照明开关的电路图。

本电路由电源、触摸控制电路、状态指示电路和延时电路等组成。白炽灯和 $VD_1 \sim VD_4$、单向可控硅 BCR406 构成电源电路。触摸金属片 M 和晶体管 VT_1 组成触摸控制电路，电阻 R_3、电解电容 C 和晶体管 VT_2 等元件组成可控硅导通定时电路。

金属片 M 无人触摸时，晶体管 VT_1 的基极无输入信号而处于截止状态，其集电极输出高电平，VT_2 导通，其集电极为低电平，可控硅无触发信号处于关断状态，流过灯泡的仅仅是数值很小的静态工作电流，灯泡不足以发光，而触摸片指示灯 LED 点亮。同时电源通过 R_3 向 C 充电，由于 VT_2 处于导通状态，因此 C 上的电压被钳位在 0.7V 左右。当有人触摸到金属片 M 时，人体感应电压经过 R_1、R_2 分压使得 VT_1 导通，其集电极由高电平跳变为低电平，电容 C 通过 VT_1 迅速放电，当电容 C 上的电压降低到 0.7V 以下时，VT_2 由导通转为截止，其集电极由低电平跳变为高电平，触发可控硅导通，220V 电源经灯泡、$VD_1 \sim VD_4$、可控硅、电路"地"、$VD_1 \sim VD_4$ 中的一个回到交流电源的零线，灯泡点亮。

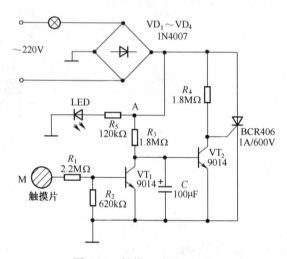

图 4-23　触摸延时照明开关

灯泡点亮后，电路中 A 点电压降低到约为 1V，发光二极管 LED 熄灭。同时，电源经 R_3 向 C 充电，当 C 上的电压上升到 0.7V 以上时，VT_2 再次导通，其集电极恢复低电平状态，可控硅失去触发电压，在脉动直流（$VD_1 \sim VD_4$ 整流输出为脉动直流电压）的零点时关断，灯泡熄灭，LED 再次点亮，电路为下一次触发做好准备。可见，电容 C 的充电时间就是灯泡延时熄灭的时间，改变 C 的容量即可改变灯泡延时熄灭的时间。按照电路中元器件的参数，灯泡点亮的时间在 1 分钟左右。

4.4　辅修内容

4.4.1　多级放大电路

基本放大电路的放大倍数通常只能达到几十倍到一两百倍，在要求放大倍数更高时，就要由多个单元电路级联成多级放大电路。集成运算放大器实际上就是一个多级放大电路，如图 4-24 所示，由输入级、中间级、输出级和偏置电路组成。输入级一般采用差分放大电路，以抑制各种干扰。中间级采用一级或多级共发射极放大电路，以提高电压放大倍数。输出级一般采用互补对称功率放大电路或共集电极放大电路，以降低输出电阻，提高输出电压及输出功率。偏置电路的作用是为各级电路提供稳定合适的偏置电流，一般由各种恒流源电路构成。

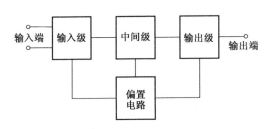

图 4-24　集成运放的组成

　　多级放大电路各级之间、信号源与放大电路之间、放大电路与负载之间的连接均称为耦合。耦合方式有阻容耦合、直接耦合和变压器耦合三种。目前应用较多的是直接耦合和阻容耦合。

1. **阻容耦合**

放大电路两级之间通过耦合电容及后级输入电阻连接，故称为阻容耦合。图 4-25 为采用阻容耦合的某两级放大电路。

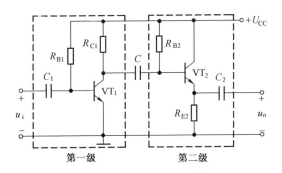

图 4-25　阻容耦合两级放大电路

　　采用阻容耦合的多级放大电路，其优点是在静态分析时，由于耦合电容的隔直作用，前、后级放大电路的静态工作点是彼此独立的，互不影响，方便求静态工作点。但放大频率较低的信号时，将产生较大的衰减，而且在集成电路中要制造大电容值的电容很困难，不便于集成化，因此在应用上有很大的局限性。

2. 直接耦合

多级放大电路中各级之间直接（或通过电阻）连接的方式，称为直接耦合。某两级直接耦合放大电路如图 4-26 所示。

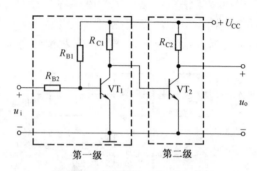

图 4-26　直接耦合两级放大电路

直接耦合放大电路具有结构简单、便于集成化、能够放大变化十分缓慢的信号、信号传输效率高等优点，在集成电路中获得了广泛的应用。但采用直接耦合，各级的静态工作点将相互影响。

动态分析时，无论是阻容耦合还是直接耦合，只要将各级的微变等效电路级联起来即为多级放大电路的微变等效电路。由此，不难得出以下几点结论：

（1）多级放大电路的电压放大倍数等于各级电压放大倍数的乘积。但在计算多级放大电路每一级的电压放大倍数时，必须考虑前、后级之间的影响。后级的输入电阻就是前级的负载电阻；前级的输出电阻就是后级的信号源内阻。

（2）多级放大电路的输入电阻，一般就是输入级（第一级）的输入电阻。

（3）多级放大电路的输出电阻，一般就是输出级（末级）的输出电阻。

4.4.2　差分放大电路

在直接耦合放大电路中，当输入信号为零时，输出端的电压会偏离静态值而出现忽大忽小不规则的变化，这种现象称为零点漂移，简称零漂。零点漂移是由于温度的影响、电源电压的不稳定等原因引起的。直接耦合放大电路中，前级的静态工作点的微小波动都会直接传递到后一级而被放大，使得输出电压远远偏离了初始值而出现严重的零点漂移现象，放大电路将因无法区分漂移电压和信号电压而失去工作的能力。因此，必须采取适当的措施加以抑制，使得漂移电压远小于信号电压。

在直接耦合放大电路中抑制零点漂移最有效的电路结构是差分放大电路。因此，差分放大电路常作为要求较高的多级直接耦合放大电路的前置级（输入级），在模拟集成电路中应用最为广泛。

1. 差分放大电路的组成

典型差分放大电路如图 4-27 所示。信号电压 u_{i1} 和 u_{i2} 由两管基极输入，输出电压 u_o 则取自两管的集电极之间。电路结构对称，在理想的情况下，两管的特性及对应电阻元件的参数值都相同，因而它们的静态工作点也必然相同。

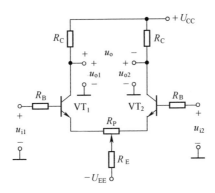

图 4-27　典型差分放大电路

静态时，$u_{i1} = u_{i2} = 0$，由于电路对称，两边的集电极电流相等，集电极电位也相等，即

$$I_{C1} = I_{C2}, \quad V_{C1} = V_{C2}$$

故输出电压

$$u_o = V_{C1} - V_{C2} = 0$$

无论工作条件（温度）如何变化，引起的电流变化量、电压变化量相等，即

$$\Delta I_{C1} = \Delta I_{C2}, \quad \Delta V_{C1} = \Delta V_{C2}$$

可见，尽管每个晶体管都产生了零点漂移，但是，由于两集电极电位的变化是相互抵消的，所以输出电压依然为零，即

$$u_o = (V_{C1} + \Delta V_{C1}) - (V_{C2} + \Delta V_{C2}) = \Delta V_{C1} - \Delta V_{C2} = 0$$

从而，零点漂移完全被抑制了。

事实上，电路难以保证完全对称，所以，典型差分放大电路通过调整调零电位器 R_P 来解决电路不对称、输入为零而输出不为零的问题。

2. 共模信号与差模信号

（1）共模信号。

两个输入信号电压的大小相等，极性相同，即 $u_{i1} = u_{i2} = u_{ic}$，这样的输入称为共模信号。

在共模输入信号的作用下，对于完全对称的差分放大电路来说，显然两管的集电极电位变化相同，因而输出电压等于零，所以它对共模信号没有放大能力，亦即共模电压放大倍数 $A_{uc} = 0$。实际上，前面讲到的差分放大电路对零点漂移的抑制就是该电路抑制共模信号的一种特例。因为折合到两个输入端的等效漂移电压如果相同，就相当于给放大电路加了一对共模信号。所以，差分电路抑制共模信号能力的大小，也反映出它对零点漂移的抑制能力。

（2）差模信号。

两个输入电压的大小相等，极性相反，即 $u_{i1} = -u_{i2}$，这样的输入称为差模信号。在差模输入信号的作用下，设 $u_{i1} > 0$，$u_{i2} < 0$，则 u_{i1} 使 VT_1 的集电极电流增大了 $\triangle I_{C1}$，VT_1 的集电极电位（即其输出电压）因而减少了 $\triangle V_{C1}$（负值）；而 u_{i2} 却使 VT_2 的集电极电流减小了 $\triangle I_{C2}$，VT_2 的集电极电位因而增大了 $\triangle V_{C2}$（正值）。这样，两个集电极电位一增一减，呈现异向变化，其差值即为输出电压 $u_o = \triangle V_{C1} - \triangle V_{C2} = 2\triangle V_{C1}$。可见，在差模输入信号的作用下，差分放大电路的输出电压为两管各自输出电压变化量的 2 倍。

3. 共模抑制比 K_{CMRR}

对差分放大电路来说，差模信号是有用信号，希望差模放大倍数较大；而共模信号是需要抑制的，因此希望共模放大倍数越小越好。为了衡量差分放大电路放大差模信号和抑制共模信号的能力，通常用共模抑制比 K_{CMRR} 来表征。其定义为放大电路对差模信号的放大倍数 A_d 和对共模信号的放大倍数 A_c 之比，即

$$K_{CMRR} = \left| \frac{A_d}{A_c} \right|$$

或用对数形式表示

$$K_{CMRR} = 20\lg \left| \frac{A_d}{A_c} \right| \quad (dB)$$

其单位为分贝（dB）。

显然，共模抑制比 K_{CMRR} 越大，说明差分放大电路对共模信号的抑制能力越强，静态工作点越稳定。

本章首先介绍了共发射极放大电路的组成、直流通路、微变等效电路的画法，在此基础上进一步介绍了如何求解电路静态工作点及动态性能指标电压放大倍数、输入电阻和输出电阻。最后，介绍了运算放大电路中常见的反相比例、同相比例、加法及减法运算电路。

1. 本章要点

（1）放大的实质是实现能量的控制和转换。放大电路的分析包括静态分析和

动态分析两个方面。静态分析通常采用估算法来确定放大电路的静态工作点。动态分析采用微变等效电路法。微变等效电路法是在小信号条件下，把非线性器件晶体管用线性电路等效变换，从而把非线性的放大电路线性化，借助于线性电路的分析方法来分析。微变等效电路法用来分析计算放大器的电压放大倍数、输入电阻、输出电阻等技术指标。

（2）晶体管放大性能的有效发挥不但取决于其本身的特性和参数，而且依赖于外电路的正确配合。通常由晶体管构成基本放大电路。放大电路的组成，应使得其直流通路和交流通路均正常工作，对输入信号进行不失真的放大。对于由晶体管构成的放大电路，不论何种管型（NPN 或 PNP）、何种接法（如共射或共基、共集），对直流偏置的要求都是相同的（发射结正偏和集电结反偏）。

（3）在正常工作时，放大电路处于交直流共存的状态。分析计算时要把直流和交流分开来处理。直流（即静态）参数用直流通路分析计算，交流（即动态）参数用交流通路分析计算。放大电路的分析应遵循"先静态，后动态"的原则，只有静态工作点合适，动态分析才有意义。静态工作点不但影响电路输出信号是否失真，而且与动态参数密切相关。

（4）在运算电路中，集成运放工作在线性区，满足"虚短"和"虚断"。从这两个特性出发，掌握比例、加法、减法等运算电路的工作原理和输入与输出的函数关系。

2. 本章主要概念和术语

共发射极放大电路、直流通路、微变等效电路、静态工作点、电压放大倍数、输入电阻、输出电阻、饱和失真、截止失真、负反馈、反相比例运算、同相比例运算、加法运算、减法运算。

3. 本章基本要求

（1）掌握由晶体管构成的放大电路直流通路、微变等效电路的方法，学会求解静态工作点和动态性能指标。

（2）理解引入负反馈是集成运放工作在线性区的前提条件，学会运用"虚短"和"虚断"的性质分析简单的运算电路。

（3）熟练掌握反相比例、同相比例、加法及减法等基本运算电路，在此基础上学会分析由基本运算电路构成的多级运算电路。

4-1　选择题

（1）基本放大电路中，经过晶体管的信号有（　　）。

    A．直流成份　　　　　　B．交流成份　　　　　C．交直流成份均有

（2）基本放大电路中的主要放大对象是（　　）。

    A．直流信号　　　　　　B．交流信号　　　　　C．交直流信号均有

（3）国产集成运放有三种封闭形式，目前国内应用最多的是（　　）。

    A．扁平式　　　　　　　B．圆壳式　　　　　　C．双列直插式

（4）集成运放一般分为两个工作区，它们分别是（　　）。

    A．正反馈与负反馈　　　　　　　　　　B．线性与非线性

    C．虚断和虚短

（5）（　　）比例运算电路的反相输入端为虚地点。

    A．同相　　　　　　　　B．反相

（6）集成运放的线性应用存在（　　）现象，非线性应用存在（　　）现象。

    A．虚地　　　　　　　　B．虚断　　　　　　　C．虚断和虚短

4-2　填空题

（1）单管共射放大电路既有_____放大作用，又有_____放大作用。

（2）为了保证不失真放大，放大电路必须设置静态工作点。对 NPN 管组成的基本共射放大电路，如果静态工作点太低，将会产生_____失真，应调 R_B，使其_____，则 I_B_____，这样可克服失真。

（3）集成运算放大器具有_____和_____两个输入端，相应的输入方式有_____输入、_____输入和_____输入三种。

（4）理想运算放大器工作在线性区时有两个重要特点：一是差模输入电压_____，称为_____；二是输入电流_____，称为_____。

4-3　放大电路如图 4-28 所示，已知 $U_{CC} = 12V$，$R_B = 120k\Omega$，$R_C = 1.5k\Omega$，$\beta = 50$。试求：

（1）求静态工作点。

（2）如果换成 $\beta = 80$ 的晶体管，静态工作点如何变化？

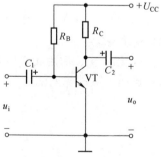

图 4-28　习题 4-3 的图

（3）利用微变等效电路分析方法计算放大电路的电压放大倍数 A_u、输入电阻 r_i 和输出电阻 r_o。

4-4　电路如图 4-28 所示，已知 $U_{CC} = 12V$，$\beta = 50$。若要使得 $U_{CE} = 6V$，$I_C = 3mA$，试确定 R_B 和 R_C 的值。

4-5　在图 4-29 所示的放大电路中，已知 $U_{CC} = 12V$，$R_C = 2k\Omega$，$R_L = 2k\Omega$，$R_{B1} = 100k\Omega$，电位器总电阻 $R_P = 1M\Omega$，$\beta = 60$，$U_{BE} = 0.6V$。试求：

（1）当 R_P 调到 0 时的静态工作点，并判断晶体管工作在什么状态？

（2）当 R_P 调到最大时的静态工作点，并判断晶体管工作在什么状态？

（3）若要使 $U_{CE} = 6V$，则 R_P 应调到多大？

（4）若在 $U_{CE} = 6V$ 的条件下，输入和输出信号的波形如图 4-29（b）所示，判定晶体管产生了什么失真，说明应如何调节 R_P 以减小失真，为什么？

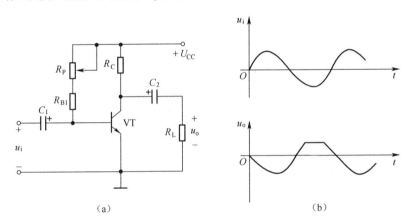

（a）　　　　　　　　　　　　　　（b）

图 4-29　习题 4-5 的图

4-6　电路如图 4-30 所示，已知 $R_1 = 10\ k\Omega$，$R_2 = 20\ k\Omega$，$R_3 = 30\ k\Omega$，$R_f = 15\ k\Omega$，当 $u_i = 1V$ 时，试求输出电压 u_o 值。

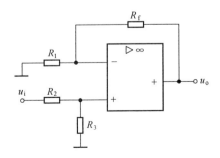

图 4-30　习题 4-6 的图

4-7　电路如图 4-31 所示，已知 $R_1 = 10\text{ k}\Omega$，$R_f = 100\text{ k}\Omega$，集成运放的 $\pm U_{oM} = \pm 15\text{V}$。试分别求：当① $u_{i1} = 100\text{mV}$；② $u_{i1} = -1\text{V}$；③ $u_{i1} = 2\text{V}$；④ $u_{i1} = -2\text{V}$ 时的输出电压 u_o 值。

4-8　电路如图 4-32 所示，已知 $R_1 = 20\text{k}\Omega$，$R_f = 100\text{k}\Omega$，输入电压 $u_{i1} = u_{i2} = 1\text{V}$。试分别求当开关 S 闭合和断开时的输出电压 u_o。

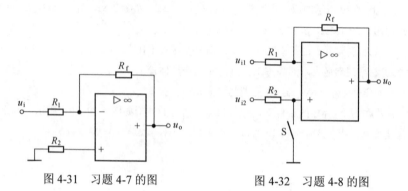

图 4-31　习题 4-7 的图　　　　图 4-32　习题 4-8 的图

4-9　电路如图 4-33 所示，已知 $R_1 = 10\text{k}\Omega$，$R_f = 50\text{k}\Omega$，$u_i = 100\text{mV}$。试求输出电压 u_o。

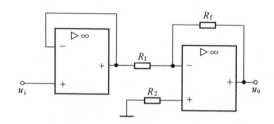

图 4-33　习题 4-9 的图

4-10　电路如图 4-34 所示，试分别求出输出电压 u_o 的值。

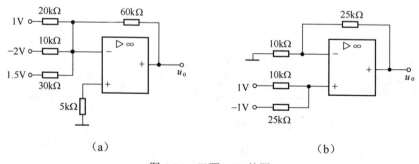

（a）　　　　　　　　　　　　　　　　（b）

图 4-34　习题 4-10 的图

4-11　电路如图 4-35 所示，试写出输出电压 u_o 的表达式。

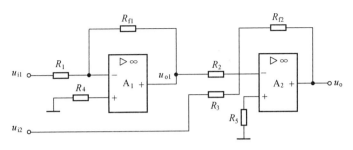

图 4-35　习题 4-11 的图

4-12　电路如图 4-36 所示，试写出输出电压 u_o 的表达式。

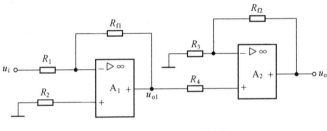

图 4-36　习题 4-12 的图

第 5 章　数字逻辑电路

 内容提要

本章首先阐述逻辑函数的表示方法与逻辑函数的化简。然后介绍常见中规模集成电路中加法器、编码器、译码器和数据选择器的工作原理和用途；时序逻辑电路中的基本 RS、JK、D 触发器和数码寄存器的逻辑功能与应用。重点讨论组合逻辑电路的分析方法和用集成计数器芯片实现任意进制计数器的方法。

5.1　逻辑函数基础

【问题引导】和模拟电路相比，数字逻辑电路有哪些特点？

在时间或数值上连续变化的信号称为模拟信号，通常把工作在模拟信号下的电子电路称为模拟电子电路，如在第 4 章中学过的各种放大电路，其研究目标是输入与输出信号之间的大小与相位关系。在时间或数值上离散的信号称为数字信号，并把工作在数字信号下的电子电路称为数字电路，其研究目标是输入与输出信号之间的逻辑关系，如用数字 1 和 0 表示开关的接通与断开等。

逻辑函数是分析与设计数字逻辑电路的基础，输入与输出信号之间的逻辑关系可以用不同的方法表示。应用逻辑代数对逻辑函数化简，可使逻辑电路变得简单可靠。

5.1.1　逻辑函数的表示方法

常用的逻辑函数表示方法有真值表、逻辑式、逻辑图和卡诺图等四种形式，它们之间可以相互转换。本小节只介绍前三种。

1. 真值表

例 5-1　有一表决逻辑电路供三人（A、B、C）表决用。同意者按电键，用 1 表示，否则为 0。表决结果用指示灯（Y）显示，多数人同意，则灯亮为 1，否则为 0。

如果输入有 n 个变量，则有 2^n 种组合。此题为 3 变量，则输入有 8 种组合，据题意，列出真值表如表 5-1 所示。

表 5-1　例 5-1 的真值表

A	B	C	Y
0	0	0	0
0	0	1	0
0	1	0	0
0	1	1	1
1	0	0	0
1	0	1	1
1	1	0	1
1	1	1	1

2．逻辑式

逻辑式是把输出与输入之间的逻辑关系用与、或、非等运算来表达的逻辑函数的表达式。

由真值表写出逻辑式的一般方法如下：

（1）找出真值表中使逻辑函数 Y 为 1 的那些输入变量取值的组合；

（2）每组输入变量取值的组合对应一个乘积项，其中取值为 1 的写成原变量，取值为 0 的写成反变量；

（3）将这些乘积项相加，即得 Y 的逻辑式。

根据表 5-1 的真值表，可写出表决的逻辑式为：

$$Y = \overline{A}BC + A\overline{B}C + AB\overline{C} + ABC$$

3．逻辑图

将逻辑函数中各变量之间的与、或、非关系用逻辑符号表示出来，就可以画出表示函数关系的逻辑图。

4．逻辑函数表示方法的相互转换

逻辑函数的三种表示方法可以相互转换，即可由真值表写出逻辑式；或由逻辑式画出逻辑图；也可根据逻辑图写出逻辑式等。

例 5-2　试根据逻辑图 5-1 写出其逻辑式。

解：图 5-1 的逻辑图分别由与非门、或门和非门构成，根据 1.7 节中所学过的门电路的逻辑符号，即可写出其逻辑式为

$$Y = \overline{\overline{AB} + C}$$

例 5-3　已知逻辑式 $Y = \overline{A}\,\overline{B} + AB$，试画出其逻辑图。

解：用逻辑符号代替逻辑式中的运算符号，画出逻辑图如图 5-2 所示。

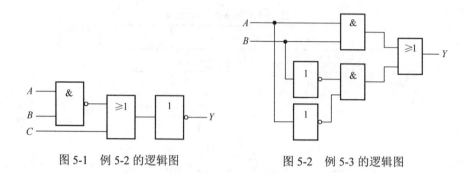

图 5-1　例 5-2 的逻辑图　　　　　　　图 5-2　例 5-3 的逻辑图

5.1.2　逻辑函数的化简

逻辑函数的化简通常有代数法和卡诺图法，本小节仅介绍代数法。

1. 逻辑代数的基本公式

逻辑代数只有三种基本运算，即与运算（逻辑乘）、或运算（逻辑加）和非运算（求反）。表 5-2 列出了逻辑代数的基本公式，其中逻辑变量用字母 A、B、C 表示，取值为 0 或 1。

表 5-2　逻辑代数的基本公式

序号	公式	序号	公式
1	$0 \cdot A = 0$	10	$0 + A = A$
2	$1 \cdot A = A$	11	$1 + A = 1$
3	$A \cdot A = A$	12	$A + A = A$
4	$A \cdot \overline{A} = 0$	13	$A + \overline{A} = 1$
5	$A \cdot B = B \cdot A$	14	$A + B = B + A$
6	$A \cdot (B \cdot C) = (A \cdot B) \cdot C$	15	$A + (B + C) = (A + B) + C$
7	$A \cdot (B + C) = A \cdot B + A \cdot C$	16	$A + BC = (A + B)(A + C)$
8	$\overline{A \cdot B} = \overline{A} + \overline{B}$	17	$\overline{A + B} = \overline{A} \cdot \overline{B}$
9	$\overline{\overline{A}} = A$	18	$\overline{1} = 0；\overline{0} = 1$

表中 1～2 式为与运算；10～11 式为或运算；3 和 12 式为重叠律；4 和 13 式为互补律；5 和 14 式为交换律，6 和 15 式为结合律，7 和 16 式为分配律。

8 和 17 式是著名的德·摩根（De·Morgan）定理，亦称反演律。

9 式为还原律，即一个变量经过两次求反运算之后还原为其本身。

18 式是对 0 和 1 求反运算的规则，0 和 1 互为求反。

在逻辑函数的化简和交换中经常会将 9 式还原律和摩根定理配合使用。

用列真值表的方法可以验证表 5-2 中所有公式的正确性。A、B、C 还可为逻辑式，如 $ABC + ABC = ABC$。

2. 逻辑函数的代数化简法

同一个逻辑函数可以用不同的逻辑式来表达，而这些逻辑式繁简程度的不同，其对应的逻辑图也会不同。通过化简的手段找出逻辑函数的最简形式，便可用最少的电子器件实现其逻辑电路，从而降低成本、提高可靠性。

逻辑函数的最简形式一般以门的个数少、门的种类少和连线少为准则。

利用表 5-2 中逻辑代数的基本公式，反复消去函数式中多余的乘积项和多余的因子，即可求得函数式的最简形式。

例 5-4　试用逻辑代数化简下列逻辑函数。

（1）$Y = AB(A + B + C + \overline{A}\,\overline{B}\,\overline{C})$

（2）$Y = A(\overline{B} + \overline{C}) + C(\overline{A} + \overline{B}) + ABC$

（3）$Y = \overline{A}BC + A\overline{B}C + AB\overline{C} + ABC$

解：（1）$Y = AB(A + B + C + \overline{A}\,\overline{B}\,\overline{C})$

$\qquad\quad = AB(A + B + C + \overline{A + B + C})$　（利用摩根定理 $\overline{A + B} = \overline{A}\,\overline{B}$）

$\qquad\quad = AB$　（利用 $A + \overline{A} = 1$）

（2）$Y = A(\overline{B} + \overline{C}) + C(\overline{A} + \overline{B}) + ABC$

$\qquad = A\overline{BC} + C\overline{AB} + ABC + ABC$　（利用 $\overline{AB} = \overline{A} + \overline{B}$ 和 $A + A = A$）

$\qquad = A(\overline{BC} + BC) + C(\overline{AB} + AB)$　（利用 $A + \overline{A} = 1$）

$\qquad = A + C$

（3）$Y = \overline{A}BC + A\overline{B}C + AB\overline{C} + ABC$

$\qquad = \overline{A}BC + A\overline{B}C + AB\overline{C} + ABC + (ABC + ABC)$　（利用 $A + A = A$）

$\qquad = ABC + AB\overline{C} + ABC + A\overline{B}C + ABC + \overline{A}BC$

$\qquad = AB(C + \overline{C}) + AC(B + \overline{B}) + BC(A + \overline{A})$　（利用 $A + \overline{A} = 1$）

$\qquad = AB + AC + BC$

对上面的化简结果，再利用还原律和摩根定律进行变换，有：

$$Y = AB + AC + BC$$
$$= \overline{\overline{AB + AC + BC}}$$
$$= \overline{\overline{AB}\ \overline{AC}\ \overline{BC}}$$

从例 5-4（3）题可知，若用门电路直接将化简前的逻辑式画成逻辑图，需用到与、非、或等三种不同的门，要用三个不同的集成芯片才能实现其电路，而经过还原律和摩根定律最终化简后只要用一种与非门集成芯片就可以实现其逻辑电路，显然比化简前的电路简单。由此可知，逻辑函数可以通过化简和变换的方法得到其逻辑函数的最简形式。

🖰逻辑函数基础小结：

　　*逻辑代数是逻辑函数的基础，运用逻辑代数可以化简逻辑函数，使电路简单可靠，容易实现。

　　*逻辑函数的表示方法有真值表、逻辑式、逻辑图，它们之间可以相互转换。逻辑式不唯一，即同一个逻辑函数可以用不同的逻辑式来表达，因此对应的逻辑图也不唯一，但真值表是唯一的。

5.2　组合逻辑电路的分析

　　【问题引导】组合逻辑电路有什么特点？对于给定的组合逻辑电路如何分析其功能？

　　数字系统中常用的各种数字电路，从其结构和表达的逻辑功能可分为组合逻辑电路和时序逻辑电路。组合逻辑电路是指在任意时刻，电路的输出状态仅取决于各输入状态的组合，而与电路的原状态无关的一种逻辑电路。由于它的电路结构中无反馈回路，即不包含存储单元，因此没有记忆功能。

　　在实际生活中，逻辑问题虽然千变万化，但很多逻辑电路都是以一些基本功能电路为核心的。基本组合逻辑电路由各种小规模集成电路——逻辑门构成，可以实现多项逻辑功能。经常使用的组合逻辑电路还有中规模组合逻辑器件——加法器、编码器、译码器、数据选择器等。本节介绍组合逻辑电路的分析方法与常见中规模组合逻辑器件及应用。

5.2.1　组合逻辑电路的分析方法

　　组合逻辑电路的分析就是根据已知的逻辑电路图确定其逻辑功能。本小节介绍由门电路（SSI）和常用组合逻辑器件（MSI）构成的组合逻辑电路的分析方法。

　　门电路构成的组合逻辑电路的分析步骤如下：

　　（1）根据逻辑图，从输入到输出逐级写出每个门的输出逻辑式。

　　（2）用公式化简法将得到的逻辑式化简或变换，使逻辑函数简单明了。

　　（3）根据输出逻辑式，列出真值表并说明电路的逻辑功能。

例 5-5　试分析图 5-3 所示逻辑电路，写出输出 Y 的逻辑式，列出真值表，指出电路所完成的逻辑功能。

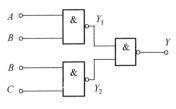

图 5-3　例 5-5 的逻辑图

解：（1）由逻辑图写出逻辑式。

逐级写出每个门的输出逻辑式 Y_1、Y_2 和 Y，化简后得到 Y 的逻辑式：

$$Y_1 = \overline{AB}$$

$$Y_2 = \overline{BC}$$

$$Y = \overline{\overline{AB}\,\overline{BC}} = \overline{\overline{AB}} + \overline{\overline{AC}} = AB + AC$$

（2）由逻辑式列出真值表，如表 5-3。

表 5-3　例 5-5 的真值表

A	B	C	Y	A	B	C	Y
0	0	0	0	1	0	0	0
0	0	1	0	1	0	1	1
0	1	0	0	1	1	0	1
0	1	1	0	1	1	1	1

（3）分析电路的逻辑功能。

从表 5-3 中可知：当输入 A、B、C 中 A 为 1 并且 B 和 C 中有一个为 1 或同时为 1 时，输出 Y 为 1，否则 Y 为 0。图 5-3 实际上是一种可以用于主裁判（A）、副裁判（B/C）3 人用的表决器：只有在主裁判 A 同意，副裁判中有 1 人同意或都同意的情况下，表决才能通过。

【思考与讨论】

在实际应用中，若输出 Y 与表 5-3 中的功能不符，如何排除电路故障？

5.2.2　常见中规模组合逻辑器件

加法器（Adder）分为半加器和全加器，用来实现两个二进制数的加法运算。

1. 半加器

将两个 1 位二进制数进行相加时不考虑来自低位进位的二进制数加法运算电路称为半加器。半加器的输出变量有两个，一个是相加时求得的和，称为本位和；另一个是相加后产生的向高位的进位。

半加器（Half adder）的真值表如表 5-4 所示。其中 A_i、B_i 是两个加数，S_i 为本位和，C_i 为向高位的进位。

表 5-4　半加器真值表

A_i	B_i	S_i	C_i
0	0	0	0
0	1	1	0
1	0	1	0
1	1	0	1

由真值表可写出输出逻辑表达式为

$$S_i = \overline{A}_i B_i + A_i \overline{B}_i = A_i \oplus B_i$$
$$C_i = A_i B_i$$

由逻辑式可知，半加器由一个异或门和一个与门组成，其逻辑图和逻辑符号如图 5-4（a）、（b）所示。

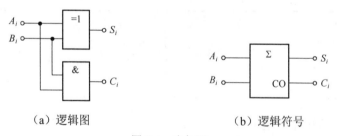

（a）逻辑图　　　　　　　　　　　　（b）逻辑符号

图 5-4　半加器

2. 全加器

将两个 1 位二进制数进行相加并考虑低位来的进位，即相当于 3 个 1 位二进制数相加，求得的和及进位的逻辑电路称为全加器（Full adder）。

全加器真值表如表 5-5 所示。其中 A_i、B_i 是两个加数，C_{i-1} 是来自低位的进位；S_i 为本位和，C_i 为向高位的进位。

由表 5-5 写出输出逻辑表达式：

$$S_i = \overline{A}_i \overline{B}_i C_{i-1} + \overline{A}_i B_i \overline{C}_{i-1} + A_i \overline{B}_i \overline{C}_{i-1} + A_i B_i C_{i-1}$$
$$C_i = \overline{A}_i B_i C_{i-1} + A_i \overline{B}_i C_{i-1} + A_i B_i \overline{C}_{i-1} + A_i B_i C_{i-1}$$

表 5-5　全加器真值表

A_i	B_i	C_{i-1}	S_i	C_i
0	0	0	0	0
0	0	1	1	0
0	1	0	1	0
0	1	1	0	1
1	0	0	1	0
1	0	1	0	1
1	1	0	0	1
1	1	1	1	1

全加器的逻辑符号如图 5-5 所示。

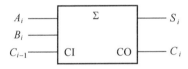

图 5-5　全加器的逻辑符号

　　将多个全加器连接，可组成串行、并行进位加法器，进行多位数相加。串行进位加法器逻辑电路简单，但速度慢，现在的集成加法器大多采用并行进位加法器来提高运算速度。图 5-6 是集成 4 位并行进位加法器 74283 的逻辑符号与引脚排列图，适用于高速数字系统中的数据处理与控制。

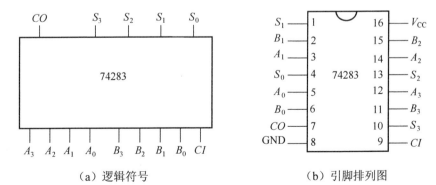

（a）逻辑符号　　　　　　　　　（b）引脚排列图

图 5-6　集成 4 位并行进位加法器 74283

加法器除了可用作加法外，还具有实现逻辑函数的功能。

例 5-6　试用加法器 74283 芯片将 8421 码转换成余 3 码。

解： 8421 码（或 BCD 码，Binary Coded Decimal，BCD）和余 3 码如表 5-6 所示。从表可看出，余 3 码 = 8421 码 + 3。用一片 74283 即可实现 8421 码到余 3 码的转换，其逻辑图如图 5-7 所示。

表 5-6　例 5-6 的表

十进制数	8421 码（BCD 码）				余 3 码			
0	0	0	0	0	0	0	1	1
1	0	0	0	1	0	1	0	0
2	0	0	1	0	0	1	0	1
3	0	0	1	1	0	1	1	0
4	0	1	0	0	0	1	1	1
5	0	1	0	1	1	0	0	0
6	0	1	1	0	1	0	0	1
7	0	1	1	1	1	0	1	0
8	1	0	0	0	1	0	1	1
9	1	0	0	1	1	1	0	0

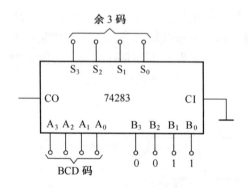

图 5-7　例 5-6 的逻辑图

3. 编码器

邮政编码、电话号码等都是我们日常生活中常见的一种编码。在数字系统中，用二进制代码表示具有某一对象或信号的过程，称为编码。实现编码功能的电路称为编码器（Encoder）。

普通编码器可分为二进制编码器和二－十进制编码器。在普通编码器中，任何时刻只允许输入一个编码信号，否则输出将发生混乱。

（1）二进制编码器。

二进制编码器（Binary encoder）是将某种信号编成二进制代码的电路。由于一位二进制有 0、1 两个数码，可以表示两个信号，故 n 位二进制代码可以表示 2^n 个不同信号。图 5-8 是 3 位二进制编码器的框图，用 3 位二进制代码可表示 8 个信号，其输出、输入之间的逻辑关系可以用真值表即编码表 5-7 表示。

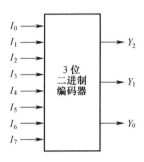

图 5-8　3 位二进制编码器的框图

表 5-7　3 位二进制编码器的编码表

输入	输出		
	Y_2	Y_1	Y_0
I_0	0	0	0
I_1	0	0	1
I_2	0	1	0
I_3	0	1	1
I_4	1	0	0
I_5	1	0	1
I_6	1	1	0
I_7	1	1	1

由于这种编码器有 8 个输入和 3 个输出，所以又称 8 线－3 线编码器。

将表 5-7 中的输出函数值 1 的输入变量直接相加起来，即可得到相应的最简与或表达式，还可根据需要再变换成与非表达式。

$$Y_2 = I_4 + I_5 + I_6 + I_7 = \overline{\overline{I_4}\,\overline{I_5}\,\overline{I_6}\,\overline{I_7}}$$

$$Y_1 = I_2 + I_3 + I_6 + I_7 = \overline{\overline{I_2}\,\overline{I_3}\,\overline{I_6}\,\overline{I_7}}$$

$$Y_0 = I_1 + I_3 + I_5 + I_7 = \overline{\overline{I_1}\,\overline{I_3}\,\overline{I_5}\,\overline{I_7}}$$

根据表达式画逻辑图如图 5-9 所示。

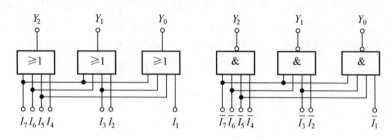

（a）由或门构成　　　　　　　　（b）由与非门构成

图 5-9　3 位二进制编码器的逻辑图

（2）二－十进制编码器。

将十进制数 0～9 转换成二进制代码的电路，称为二－十进制编码器，二－十进制代码，简称 8421 码。

8421 码是用四位二进制编码表示一位十进制数，8421 码的编码表如表 5-8 所示。

表 5-8　8421 码编码表

输入	输出			
I	Y_3	Y_2	Y_1	Y_0
$0(I_0)$	0	0	0	0
$1(I_1)$	0	0	0	1
$2(I_2)$	0	0	1	0
$3(I_3)$	0	0	1	1
$4(I_4)$	0	1	0	0
$5(I_5)$	0	1	0	1
$6(I_6)$	0	1	1	0
$7(I_7)$	0	1	1	1
$8(I_8)$	1	0	0	0
$9(I_9)$	1	0	0	1

【思考与讨论】

仿照 3 位二进制编码器的方法，写出二－十进制编码器的表达式并画出其逻辑图。

4. 译码器

把代码状态的特定含义翻译出来的过程称为译码，实现译码操作的电路称为译码器（Decoder）。译码是编码的逆过程，它将输入的二进制代码按其编码时所赋予的含义译成相应的高、低电平信号输出，常用的译码电路有二进制译码器、二—十进制译码器和显示译码器三类。

在数字系统中，译码器的应用很广，常见的是对存储系统的地址进行译码，用作数据分配器或脉冲分配器等。

（1）二进制译码器。

二进制译码器（Binary decoder）的输入是一组二进制代码，输出是一组与输入代码一一对应的高、低电平信号。若二进制译码器输入的是 n 位二进制数，则输出端为 2^n 个，且对应于输入代码的每一种状态，2^n 个输出中只有一个为 1（或为 0），其余全为 0（或为 1）。

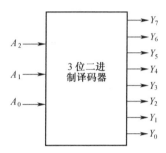

图 5-10 是 3 位二进制译码器的框图，其中输入 $A_2 \sim A_0$ 为 3 位二进制代码，输出 $Y_7 \sim Y_0$

图 5-10　3 位二进制译码器的框图

为 8 个互斥的信号。该译码器又称为 3 线—8 线译码器。

目前，应用最广的集成译码器有双 2 线—4 线译码器 74LS139 和 3 线—8 线译码器 74LS138 等。其中 74LS138 的逻辑符号与引脚排列图如图 5-11 所示。

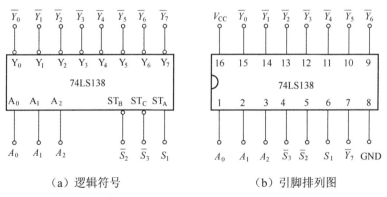

（a）逻辑符号　　　　　　　　　（b）引脚排列图

图 5-11　3 线—8 线译码器 74LS138

在图 5-11 中，$A_2 \sim A_0$ 为二进制译码器输入端，$\overline{Y_7} \sim \overline{Y_0}$ 为译码器输出端（低电平有效）。S_1、$\overline{S_2}$、$\overline{S_3}$ 为"使能"输入端又称为"片选"输入端，改变 3 个"使能"端的输入可使译码器工作或禁止。

3 线—8 线译码器 74LS138 的功能表如表 5-9 所示。

表 5-9　3 线－8 线译码器 74LS138 的功能表

输入					输出							
使能		选择										
S_1	$\bar{S}_2 + \bar{S}_3$	A_2	A_1	A_0	$\bar{Y}_7$	$\bar{Y}_6$	$\bar{Y}_5$	$\bar{Y}_4$	$\bar{Y}_3$	$\bar{Y}_2$	$\bar{Y}_1$	$\bar{Y}_0$
×	1	×	×	×	1	1	1	1	1	1	1	1
0	×	×	×	×	1	1	1	1	1	1	1	1
1	0	0	0	0	1	1	1	1	1	1	1	0
1	0	0	0	1	1	1	1	1	1	1	0	1
1	0	0	1	0	1	1	1	1	1	0	1	1
1	0	0	1	1	1	1	1	1	0	1	1	1
1	0	1	0	0	1	1	1	0	1	1	1	1
1	0	1	0	1	1	1	0	1	1	1	1	1
1	0	1	1	0	1	0	1	1	1	1	1	1
1	0	1	1	1	0	1	1	1	1	1	1	1

当 $S_1 = 1$，$\bar{S}_2 = \bar{S}_3 = 0$，译码器处于译码状态；当 $S_1 = 0$ 或 $\bar{S}_2 + \bar{S}_3 = 1$ 时，译码器被禁止，所有的输出均为高电平。由表 5-9 可写出逻辑表达式为：

$$\bar{Y}_0 = \overline{\bar{A}_2 \bar{A}_1 \bar{A}_0} \qquad \bar{Y}_1 = \overline{\bar{A}_2 \bar{A}_1 A_0}$$

$$\bar{Y}_2 = \overline{\bar{A}_2 A_1 \bar{A}_0} \qquad \bar{Y}_3 = \overline{\bar{A}_2 A_1 A_0}$$

$$\bar{Y}_4 = \overline{A_2 \bar{A}_1 \bar{A}_0} \qquad \bar{Y}_5 = \overline{A_2 \bar{A}_1 A_0}$$

$$\bar{Y}_6 = \overline{A_2 A_1 \bar{A}_0} \qquad \bar{Y}_7 = \overline{A_2 A_1 A_0}$$

在实际使用中还可以将多片 74LS138 连接起来，扩展译码器的功能，如用两片 3 线－8 线译码器 74LS138 可以组成 4 线－16 线译码器。

二进制译码器除了具有译码和利用片选端进行扩展的功能外，另一个重要的作用是可以组成所需的逻辑函数，实现其组合逻辑电路。

例 5-7　试分析图 5-12，写出输出 S_i 与 C_i 的逻辑函数表达式，指出电路所完成的逻辑功能。

解： 图 5-12 是用一个 3 线－8 线译码器构成的逻辑电路，由逻辑图可知

$$S_i = \overline{\bar{Y}_1 \bar{Y}_2 \bar{Y}_4 \bar{Y}_7} = \overline{\overline{Y_1 + Y_2 + Y_4 + Y_7}} = \bar{A}_i \bar{B}_i C_{i-1} + \bar{A}_i B_i \bar{C}_{i-1} + A_i \bar{B}_i \bar{C}_{i-1} + A_i B_i C_{i-1}$$

$$C_i = \overline{\bar{Y}_3 \bar{Y}_5 \bar{Y}_6 \bar{Y}_7} = \overline{\overline{Y_3 + Y_5 + Y_6 + Y_7}} = \bar{A}_i B_i C_{i-1} + A_i \bar{B}_i C_{i-1} + A_i B_i \bar{C}_{i-1} + A_i B_i C_{i-1}$$

与全加器的本位和 S_i 和向高位的进位 C_i 的逻辑表达式比较

$$S_i = \bar{A}_i \bar{B}_i C_{i-1} + \bar{A}_i B_i \bar{C}_{i-1} + A_i \bar{B}_i \bar{C}_{i-1} + A_i B_i C_{i-1}$$

$$C_i = \overline{A_i}B_iC_{i-1} + A_i\overline{B_i}C_{i-1} + A_iB_i\overline{C_{i-1}} + A_iB_iC_{i-1}$$

可知，图 5-12 中的 S_i、C_i 与全加器的逻辑表达式完全一致，因此它具有全加器的功能。

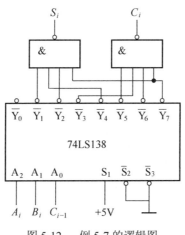

图 5-12　例 5-7 的逻辑图

（2）二—十进制译码器。

把 4 位二进制编码（BCD 码）翻译成 10 个十进制数字信号的电路，称为二—十进制译码器。

74LS42 是一种常用的集成二—十进制译码器，如图 5-13 所示。

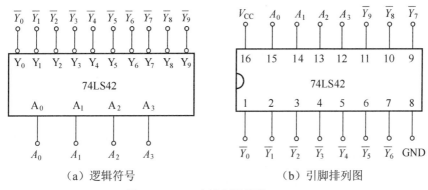

（a）逻辑符号　　　　　　　　　（b）引脚排列图

图 5-13　二—十进制译码器 74LS42

二—十进制译码器 74LS42 的功能表如表 5-10 所示。输入 BCD 码分别用 $A_3 \sim A_0$ 表示，输出的 10 个信号用 $\overline{Y_0} \sim \overline{Y_9}$ 表示，低电平有效。从功能表可知，对于 BCD 码以外的编码 1010～1111，输出均为高电平，表示译码器不识别这些伪码而拒译。

表 5-10 二－十进制译码器 74LS42 的功能表

序号	输入				输出									
	A_3	A_2	A_1	A_0	$\overline{Y_0}$	$\overline{Y_1}$	$\overline{Y_2}$	$\overline{Y_3}$	$\overline{Y_4}$	$\overline{Y_5}$	$\overline{Y_6}$	$\overline{Y_7}$	$\overline{Y_8}$	$\overline{Y_9}$
0	0	0	0	0	0	1	1	1	1	1	1	1	1	1
1	0	0	0	1	1	0	1	1	1	1	1	1	1	1
2	0	0	1	0	1	1	0	1	1	1	1	1	1	1
3	0	0	1	1	1	1	1	0	1	1	1	1	1	1
4	0	1	0	0	1	1	1	1	0	1	1	1	1	1
5	0	1	0	1	1	1	1	1	1	0	1	1	1	1
6	0	1	1	0	1	1	1	1	1	1	0	1	1	1
7	0	1	1	1	1	1	1	1	1	1	1	0	1	1
8	1	0	0	0	1	1	1	1	1	1	1	1	0	1
9	1	0	0	1	1	1	1	1	1	1	1	1	1	0
伪码	1	0	1	0	1	1	1	1	1	1	1	1	1	1
	1	0	1	1	1	1	1	1	1	1	1	1	1	1
	1	1	0	0	1	1	1	1	1	1	1	1	1	1
	1	1	0	1	1	1	1	1	1	1	1	1	1	1
	1	1	1	0	1	1	1	1	1	1	1	1	1	1
	1	1	1	1	1	1	1	1	1	1	1	1	1	1

由于二－十进制译码器有 4 根输入线，10 根输出线，所以又称为 4 线－10 线译码器。

（3）显示译码器。

将用二进制代码表示的数字、文字、符号翻译成人们习惯的形式直观地显示出来的电路，称为显示译码器。显示译码器由译码器、驱动器和显示器等部分组成。常用的显示器件有半导体数码管、液晶数码管、荧光数码管、辉光数码管等。

半导体数码管又称发光二极管（Light Emitting Diode，LED）是一种低碳环保节能产品，作为新一代绿色光源而广泛应用于照明、电视机、电脑中。因此，目前应用最广泛的数字显示器也是由发光二极管构成的。

七段数字显示器是将 7 个发光二极管（加小数点为 8 个）按一定方式排列起来封装而成，如图 5-14（a）所示。七段 a、b、c、d、e、f、g（小数点 h）各对应一个发光二极管，利用不同发光段的组合，可以显示不同的阿拉伯数字，如 a、b、c、d、e、f、g 七段都亮时，则显示"8"。只有输入 0000～1001 时才显示 0～9，而伪码 10～15 为"乱码"显示，如图 5-14（b）所示。

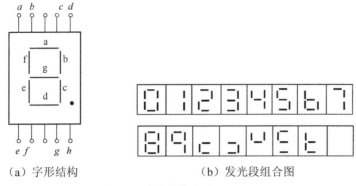

（a）字形结构　　　　　　　（b）发光段组合图

图 5-14　半导体数字显示器 LED

半导体数字显示器的结构分为共阴极和共阳极两种，如图 5-15（a）和（b）所示。共阴极的数码管中所有的二极管阴极接地，其阳极接高电平时发光；共阳极的数码管中所有的二极管阳极接高电平，其阴极接低电平时发光。

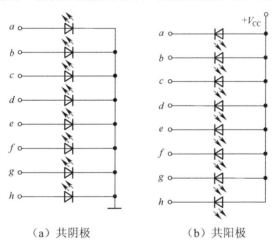

（a）共阴极　　　　　　　　（b）共阳极

图 5-15　半导体数字显示器的结构

数字显示译码器 7448 是一种与共阴极字符显示器配合使用的集成译码器，它的逻辑符号如图 5-16 所示。7448 带有三个控制端，以增强器件的功能，它们分别是：试灯输入端 $\overline{LT}$、灭零输入端 $\overline{RBI}$ 和灭灯输入/灭零输出端 $\overline{BI/RBO}$，在正常工作时均要接高电平。

7448 可将输入的 4 位二进制代码

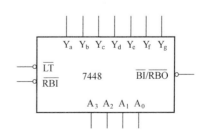

图 5-16　数字显示译码器 7448 逻辑符号

（BCD 码：$A_3A_2A_1A_0 = 0000\sim1001$）转换成显示器所需要的 7 个段的驱动信号，使显示器显示 0～9 的数字。

7448 与数码管的连接方法如图 5-17 所示。发光二极管阴极接地，阳极经过限流电阻接到输出高电平有效的七段译码器（7448）相应的输出端。改变限流电阻的阻值，可改变流过发光二极管的电流大小，从而控制显示器的亮度。

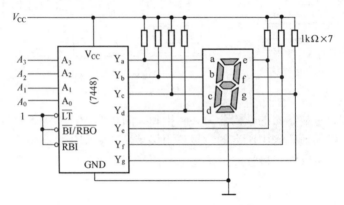

图 5-17　七段译码器和数码管的连接图

5. 数据选择器

数据选择器又称多路选择器（Multiplexer，MUX），其功能是从多个输入数据中选择一个作为输出。其框图如图 5-18（a）所示。它有 n 位地址输入、2^n 位数据输入、1 位输出。每次在地址输入的控制下，从多路输入数据中选择一路输出，其功能类似于一个单刀多掷开关，如图 5-18（b）所示。常用的数据选择器有 2 选 1、4 选 1、8 选 1、16 选 1 等。

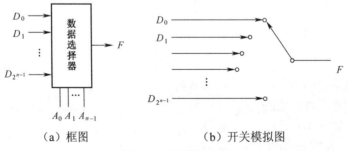

（a）框图　　　　　　　　　（b）开关模拟图

图 5-18　数据选择器

（1）4 选 1 数据选择器。

图 5-19（a）是 4 选 1 数据选择器的逻辑符号，其中 $D_3\sim D_0$ 是数据输入端，A_1、A_0 是地址输入端，$\overline{S}$ 是使能端，低电平有效，Y 是输出端。

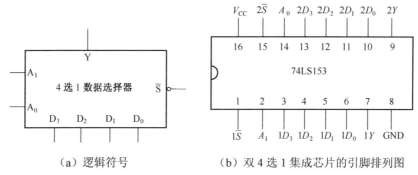

（a）逻辑符号 　　　　（b）双 4 选 1 集成芯片的引脚排列图

图 5-19　4 选 1 数据选择器

当 $\overline{S} = 1$ 时，输出 $Y = 0$，数据选择器禁止；当 $\overline{S} = 0$ 时，在地址输入 A_1、A_0 的控制下，从 $D_0 \sim D_3$ 中选择一路输出，其功能表如表 5-11 所示。

表 5-11　4 选 1 数据选择器 74LS153 的功能表

输　　　入				输　　出
$\overline{S}$	D	A_1	A_0	Y
1	$\times$	$\times$	$\times$	0
0	D_0	0	0	D_0
0	D_1	0	1	D_1
0	D_2	1	0	D_2
0	D_3	1	1	D_3

由表 5-11 可写出逻辑式

$$Y = D_0 \overline{A_1} \overline{A_0} S + D_1 \overline{A_1} A_0 S + D_2 A_1 \overline{A_0} S + D_3 A_1 A_0 S$$

图 5-19（b）是一种常用的集成双 4 选 1 数据选择器 74LS153 的引脚排列图。

（2）用数据选择器实现组合逻辑电路。

例 5-8　图 5-20 是用数据选择器实现的逻辑电路，试写出它的逻辑式。

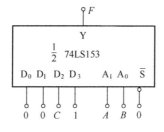

图 5-20　例 5-8 的逻辑图

从图 5-20 可知，这是一个由 4 选 1 数据选择器构成的逻辑电路，其中控制端 $\overline{S} = 0$，两个地址输入端：$A_1 = A$、$A_0 = B$；四个数据输入端：$D_0 = 0$，$D_1 = 0$，$D_2 = C$，$D_3 = 1$，与 4 选 1 数据选择器的标准表达式 $Y = D_0 \overline{A_1} \overline{A_0} S + D_1 \overline{A_1} A_0 S + D_2 A_1 \overline{A_0} S + D_3 A_1 A_0 S$ 比较可知图 5-20 所对应的逻辑式为：

$$Y = A\overline{B}C + AB$$
$$= A\overline{B}C + AB(C + \overline{C})$$
$$= A\overline{B}C + AB\overline{C} + ABC$$

📖**组合逻辑电路分析小结：**

*对组合逻辑电路的分析就是根据逻辑图写出其逻辑式→化简/变换（门电路）→列出真值表→指明电路完成的功能。

*常见中规模组合逻辑器件（加法器/编码器/译码器/数据选择器）除了完成本身的功能外，还可以实现其组合逻辑电路，它比门电路构成的逻辑图更简单。

5.3 时序逻辑电路的分析

【问题引导】时序逻辑电路在功能上和电路结构上有什么特点？如何判断一个电路是组合逻辑电路还是时序逻辑电路？

在 5.2 节中已学习了组合逻辑电路，它的输出状态仅取决于某时刻各输入状态的组合，与电路的原状态无关；而时序逻辑电路的输出信号不仅与某时刻电路的输入信号有关，还与电路过去的状态有关，电路具有"记忆"功能，人们常见的数字钟、彩灯控制器和抢答器等都是时序逻辑电路的应用实例。

门电路是构成组合逻辑电路的基本单元，而时序逻辑电路的基本单元是触发器（Flip-flop）。

本节将介绍 RS 触发器、JK 触发器、D 触发器的逻辑功能与触发方式；阐述常用时序逻辑器件——寄存器与计数器的工作原理。

5.3.1 触发器

触发器是构成时序逻辑电路的基本逻辑部件。它有两个稳定的状态：0 和 1 状态；在外界信号作用下，触发器可以从一个稳定状态翻转到另一个稳定状态；当输入信号消失后，保持更新后的状态不变。故触发器可以记忆 1 位二值信号 0 或 1。

根据逻辑功能的不同，触发器可以分为 RS 触发器、JK 触发器、D 触发器等；

按照结构形式的不同，又可分为基本 RS 触发器、同步触发器、主从触发器和边沿触发器等。

1. RS 触发器

在数字电路中，凡根据输入信号 R、S 情况的不同，具有置 0、置 1 和保持功能的电路，都称为 RS 触发器。

（1）基本 RS 触发器。

图 5-21 为基本 RS 触发器的逻辑图与逻辑符号，电路由两个与非门交叉连接而成。$\overline{S}_D$（Set）称为直接置位端或置 1 端，$\overline{R}_D$（Reset）称为直接复位端或置 0 端，字母上的反号表示低电平有效，在逻辑符号中用小圆圈表示。Q 称为触发器的输出端，当 $Q=0$、$\overline{Q}=1$ 时，称触发器为 0 态；当 $Q=1$、$\overline{Q}=0$ 时，称触发器为 1 态。

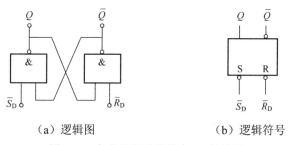

（a）逻辑图　　　　　　　　（b）逻辑符号

图 5-21　与非门组成的基本 RS 触发器

① $\overline{R}_D=0$、$\overline{S}_D=1$ 时，触发器置 0 或复位。由于 $\overline{R}_D=0$，则有 $\overline{Q}=1$；再由 $\overline{S}_D=1$、$\overline{Q}=1$，可得 $Q=0$。即不论触发器原来处于什么状态都将变成 0 状态，即 $Q=0$，$\overline{Q}=1$。

② $\overline{R}_D=1$、$\overline{S}_D=0$ 时，触发器置 1 或置位。由于 $\overline{S}_D=0$，则有 $Q=1$；再由 $\overline{R}_D=1$、$Q=1$ 可得 $\overline{Q}=0$。即不论触发器原来处于什么状态都将变成 1 状态，即 $Q=1$，$\overline{Q}=0$。

③ $\overline{R}_D=1$、$\overline{S}_D=1$ 时，根据与非门的逻辑功能不难推知，触发器保持原有状态不变，即原来的状态被触发器存储起来，说明触发器具有记忆功能。

④ $\overline{R}_D=0$、$\overline{S}_D=0$ 时，$Q=\overline{Q}=1$，不符合触发器的逻辑关系。并且由于与非门延迟时间不可能完全相等，在两输入端的 0 同时撤除即由 0 变 1 时，将不能确定触发器是处于 1 状态还是 0 状态，所以触发器不允许出现这种情况，这是基本 RS 触发器的约束条件。

若将触发器在接收输入信号之前原来的状态称为现态 Q^n，则触发器在接收输入信号之后新的稳定状态称为次态 Q^{n+1}。把触发器的次态 Q^{n+1} 与现态 Q^n、输入信号之间的逻辑关系用表格形式表示出来，这种表格称状态表。根据以上的分析可得基本 RS 触发器的状态表如表 5-12 所示。它们与组合电路的真值表相似，不同的是触发器的次态 Q^{n+1} 不仅与输入信号有关，还与它的现态 Q^n 有关，这正是时序电路的特点。

表 5-12　基本 RS 触发器的状态表

$\overline{R}_D$	$\overline{S}_D$	Q^n	Q^{n+1}	功能	
0	0	0	×	不定	
0	0	1	×		
0	1	0	0	$Q^{n+1}=0$	置 0
0	1	1	0		
1	0	0	1	$Q^{n+1}=1$	置 1
1	0	1	1		
1	1	0	0	$Q^{n+1}=Q^n$	保持
1	1	1	1		

　　波形图又称时序图，它反映了触发器的输出状态随时间和输入信号变化的规律。图 5-22 是根据基本 RS 触发器的状态表和 $\overline{R}_D$、$\overline{S}_D$ 的输入信号画出的 Q、$\overline{Q}$ 的波形图。

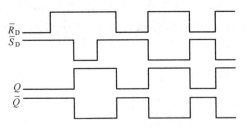

图 5-22　基本 RS 触发器的波形图

　　2. 同步 RS 触发器

　　在数字系统中，往往含有多个触发器。为了保证数字电路协调工作，引入一个时钟信号 CP（Clock pulse），用来控制触发器的状态转换时间，这类触发器称为同步触发器，又称可控触发器。

　　图 5-23 所示是同步 RS 触发器的逻辑图和逻辑符号。与非门 G_1、G_2 构成基本 RS 触发器，在正脉冲 CP 的控制下，输入信号 R、S 通过导引电路与非门 G_3、G_4 来传送。

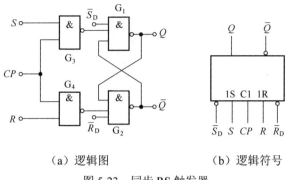

（a）逻辑图　　　　　　　　（b）逻辑符号

图 5-23　同步 RS 触发器

当 $CP = 0$ 时，与非门 G_3、G_4 被封锁，触发器保持原状态不变；当 $CP = 1$ 时，G_3、G_4 门打开，接收输入信号，工作情况与基本 RS 触发器相同，其状态表如表 5-13 所示。

表 5-13　同步 RS 触发器的状态表

CP	R	S	Q^n	Q^{n+1}	功能	
0	×	×	×	Q^n	$Q^{n+1} = Q^n$	保持
1	0	0	0	0	$Q^{n+1} = Q^n$	保持
1	0	0	1	1		
1	0	1	0	1	$Q^{n+1} = 1$	置 1
1	0	1	1	1		
1	1	0	0	0	$Q^{n+1} = 0$	置 0
1	1	0	1	0		
1	1	1	0	×	不定	
1	1	1	1	×		

$\overline{R}_D$、$\overline{S}_D$ 是异步复位端和异步置位端，可以直接对触发器置 0 或置 1 而不受时钟脉冲 CP 的控制，一般用来预置触发器的初始状态。正常工作时，让它们为 1 即接高电平。

描述触发器逻辑功能的函数表达式称为状态方程或特性方程。设 CP 作用前触发器的状态为现态 Q^n，作用后的状态为次态 Q^{n+1}，由表 5-13 的状态表可推出状态方程

$$\begin{cases} Q^{n+1} = S + \overline{R}Q^n \\ RS = 0 \text{（约束条件）} \end{cases}$$

状态方程在 $CP=1$ 期间有效。

图 5-24 为同步 RS 触发器的波形图，设初态 $Q=0$。

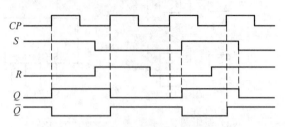

图 5-24　同步 RS 触发器的波形图

在 $CP=1$ 的期间里，S 和 R 的变化会引起 Q 端状态的变化，若 S 和 R 变化多次，则触发器 Q 的状态也会翻转多次（空翻），使电路的抗干扰能力降低。

3.　边沿 JK 触发器

按照结构形式的不同，触发器可分为主从触发器和边沿触发器。由于边沿触发器的状态仅在 CP 上升沿或下降沿到来时发生变化，其他时间均不变，故边沿触发器抗干扰能力强，工作可靠，应用广泛。

在数字电路中，凡在 CP 时钟脉冲控制下，根据输入信号 J、K 情况的不同，具有置 0、置 1、保持和翻转功能的电路，都称为 JK 触发器。JK 触发器的状态表如表 5-14 所示。

表 5-14　JK 触发器的状态表

J	K	Q^n	Q^{n+1}	功能	
0	0	0	0	$Q^{n+1}=Q^n$	保持
0	0	1	1		
0	1	0	0	$Q^{n+1}=0$	置 0
0	1	1	0		
1	0	0	1	$Q^{n+1}=1$	置 1
1	0	1	1		
1	1	0	1	$Q^{n+1}=\bar{Q}^n$	翻转
1	1	1	0		

为了便于记忆状态表，可使用"00 不变，01、10 与 J 同，11 翻转"的口诀。

边沿 JK 触发器的触发方式为下降沿触发，即触发器在 $CP=0$、CP 上升沿及 $CP=1$ 时，J 和 K 都不起作用，触发器的状态保持不变，触发器处于一种"自锁"状态；而在 CP 由 1 变为 0 的下降沿时刻，触发器才会接收 J、K 输入端信号，并按状态表规律变化。边沿 JK 触发器的逻辑符号如图 5-25 所示,图中 CP 输入端靠近方框处用一个小圆圈表示下降沿触发。

根据表 5-14 可推出 JK 触发器的状态方程

$$Q^{n+1} = J\overline{Q}^n + \overline{K}Q^n$$

边沿 JK 触发器的波形图如图 5-26 所示,CP 下降沿到来时有效。

图 5-27(a)、(b)是常用的边沿双 JK 触发器(CP 下降沿触发)集成芯片 74LS112 的逻辑符号

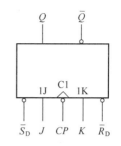

图 5-25 下降沿触发的边沿
JK 触发器逻辑符号

和引脚排列图。它带有异步复位端 $\overline{R}_D$ 和异步置位端 $\overline{S}_D$,可对触发器直接置 0 和直接置 1。

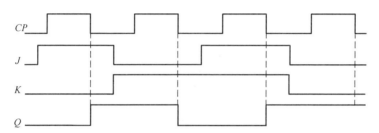

图 5-26 边沿 JK 触发器的波形图

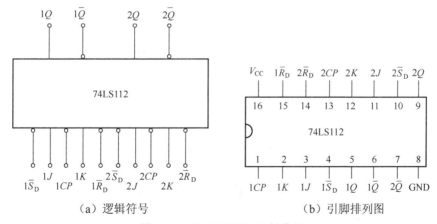

(a)逻辑符号	(b)引脚排列图

图 5-27 74LS112S 双 JK 触发器

4. D 触发器

在数字电路中,凡在 CP 时钟脉冲控制下,根据输入信号 D 情况的不同,具

有置 0、置 1 功能的电路，都称为 D 触发器。其状态表如表 5-15 所示。

表 5-15　D 触发器的状态表

D	Q^{n+1}
0	0
1	1

常用的 D 触发器是上升沿触发的边沿触发器，即只有当 CP 上升沿到达时，才能改变触发器的状态，并且 D 触发器的状态由 D 的值决定，其逻辑符号如图 5-28 所示。比较 JK 触发器的逻辑符号，图 5-28 中 CP 输入端靠近方框处没有小圆圈，表示上升沿触发。

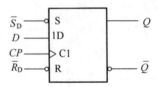

图 5-28　D 触发器逻辑符号

由状态表可知边沿 D 触发器的其状态方程为

$$Q^{n+1} = D$$

边沿 D 触发器的波形图如图 5-29 所示。

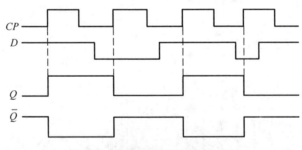

图 5-29　边沿 D 触发器的波形图

图 5-30（a）、（b）是常用的边沿双 D 触发器（CP 上升沿触发）集成芯片 74LS74 的逻辑符号和引脚排列图。

　　例 5-9　电路如图 5-31 所示，试画出在 CP 作用下，Q_1、Q_2 的波形（设触发器初态为"0"）。

　　解：在图 5-31 中 F_1 为下降沿触发的 JK 触发器，F_2 为上升沿触发的 D 触发器。

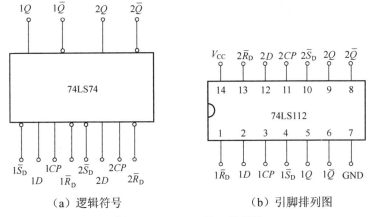

（a）逻辑符号　　　　　　　　　　（b）引脚排列图

图 5-30　74LS74 双 D 触发器

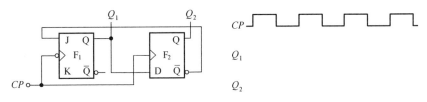

图 5-31　例 5-9 的图

Q_1 的状态在 CP 下降沿到来时，根据 $J = \bar{Q}_2$，$K = 1$（悬空）和表 5-14 的 JK 触发器的状态表决定；而 Q_2 的状态在 CP 上升沿到来时，根据 $D = Q_1$ 和 $Q^{n+1} = D$ 来确定。

画出 Q_1、Q_2 的波形如图 5-32 所示。

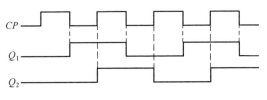

图 5-32　例 5-9 的 Q_1、Q_2 波形图

📖 触发器小结：

＊ 触发器是构成时序逻辑电路的基本单元。

＊RS 触发器中的 $\overline{R}_D$（异步复位端）、$\overline{S}_D$（异步置位端），因不受时钟脉冲 CP 的控制，可以直接对触发器置 0 或置 1，一般用来预置触发器的初始状态。

* 边沿触发器仅在 CP 上升沿或下降沿到来时发生变化，因而提高了电路的抗干扰能力。下降沿触发的触发器会在逻辑符号 CP 的输入端靠近方框处用一个小圆圈表示。

* JK 触发器具有保持、置 0、置 1 和翻转功能，现在常用的边沿 JK 触发器的触发方式为下降沿触发。D 触发器具有置 0 和置 1 的功能，现在常用的边沿 D 触发器的触发方式为上升沿触发。

* 触发器一般都有相应的集成芯片，使用时注意管脚的正确连接和触发方式即可。

5.3.2   数码寄存器

在数字电路中，用来存放二进制数据或代码的电路称为寄存器（Register），它具有接收数据、存放数据和传送数据的功能。寄存器由具有存储功能的触发器组合而成，一个触发器可以存储 1 位二进制代码，n 个触发器可存放 n 位二进制代码。

按照功能的不同，寄存器可分为数码寄存器（Digit register）、锁存器（Latch）和移位寄存器（Shift register）等。本小节重点介绍数码寄存器。

1. 数码寄存器

数码寄存器一般为并行输入/并行输出的寄存器。图 5-33 是一个可以存放四位二进制码的数码寄存器，它由边沿 D 触发器构成。当时钟脉冲 CP 上升沿到来时，加在并行数据输入端的数据 $D_0 \sim D_3$，立即被送入寄存器中，不管寄存器中原来的数据是什么，即有

$$Q_3^{n+1}Q_2^{n+1}Q_1^{n+1}Q_0^{n+1} = D_3D_2D_1D_0$$

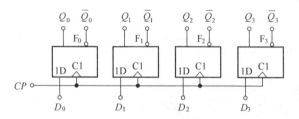

图 5-33   数码寄存器

数码寄存器除了具有代码存储功能外，通过增加控制电路，可增加数码寄存器的功能，如清 0、送数和保持等功能。

中规模（MSI）寄存器的品种很多，图 5-34（a）和（b）是集成芯片 74LS175 数码寄存器的逻辑符号和引脚排列图。它由四个边沿 D 触发器组成，$D_0 \sim D_3$ 是并

行数码输入端，$Q_0 \sim Q_3$ 是并行数码输出端，附带有异步清零端 $\overline{R}_D$ 和互补输出端 $\overline{Q}_0 \sim \overline{Q}_3$，$CP$ 是控制时钟脉冲端。

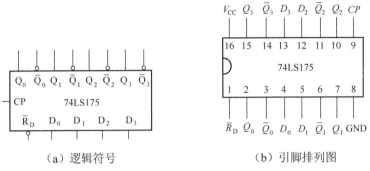

（a）逻辑符号　　　　　　　　（b）引脚排列图

图 5-34　74LS175 数码寄存器

例 5-10　图 5-35 是一种可用于 4 人竞赛的抢答器，试分析电路的工作原理。

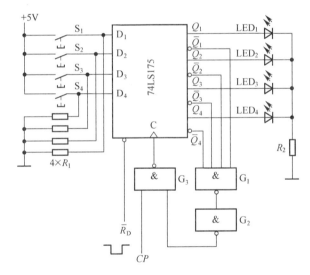

图 5-35　4 路竞赛抢答器

解： 4 路竞赛抢答器采用了 74LS175 数码寄存器，电路的工作过程如下：

（1）触发器置 0。

在抢答前先将触发器置 0，即在 $\overline{R}_D$ 端输入负脉冲，四个 D 触发器的输出端 $Q_1 \sim Q_4 = 0$，$LED_1 \sim LED_4$ 四个发光二极管都不亮，但 $\overline{Q}$ 端全部为 1，与非门 G_1 输出为 0，G_2 输出为 1，G_3 打开，时钟脉冲（由主持人控制）通过 G_3 门进入 C 端，如果四个按钮均没按下，则四个发光二极管仍然都不亮。

（2）抢答。

若 S_1 先被按下，则 $D_1 = 1$，使 $Q_1 = 1$，发光二极管亮；由于 $\overline{Q_1} = 0$，G_1 门输出为 1，G_2 门输出为 0，G_3 门被封锁，C 端接收不到时钟脉冲，所以四个 D 触发器各自保持原来的输出状态，即使再有其他按钮按下，由于没有 CP 脉冲，各触发器的状态不会改变，仍然只有第一路的灯亮，实现了竞赛抢答功能。

2. 锁存器和移位寄存器

（1）锁存器。

锁存器又称自锁电路，常用来暂时存储数据或信息，它与一般边沿触发器的区别在于锁存器的数据送入是由时钟的约定电平进行的，其输出端的状态不会随输入端的状态变化而变化，仅在有锁存信号时，输入的状态被保存到输出，直到下一个锁存信号到来时才改变。锁存器的最主要作用是：①缓存；②解决高速的控制器与慢速的外设不同步的问题；③可以解决驱动的问题；④解决一个 I/O 口既能输出也能输入的问题。

（2）移位寄存器。

移位寄存器具有存储数码和移位的功能，可实现数据的转换、数值的运算以及数据处理等。移位寄存器十分灵活，在计算机中应用广泛。

移位寄存器按移位功能来分，有单向移位寄存器和双向移位寄存器两种。在移位脉冲作用下，数据可以依次逐位右移或左移，数据可以并行输入/并行输出、串行输入/串行输出、并行输入/串行输出、串行输入/并行输出。

MSI 移位寄存器产品的规格型号很多，应用非常广泛。在实际中，常用移位寄存器进行顺序控制，如电机的顺序启动和顺序停机等。用移位寄存器加上一定的反馈电路还可以构成环形计数器、扭环形计数器。

5.3.3 计数器

计数器（Counter）是数字系统中应用最广的一种时序电路，其基本功能是用来累计脉冲数目，因而它可用作定时、分频、数字测量与运算、代码转换以及产生脉冲波形等。

计数器种类繁多，按其工作方式不同，可分为同步计数器与异步计数器；按其数制不同，有二进制计数器、十进制计数器及任意进制计数器；按计数方式不同，可分为加法计数器、减法计数器和可逆计数器（既可加又可减）；按清零和置数方式来分，则有异步清零、同步清零、异步置数和同步置数等。

获得计数器的常用方法有两种：一是用时钟触发器和门电路构成；二是利用中规模集成电路，即 MSI 计数器。本小节主要介绍 MSI 构成的二进制、十进制和任意进制计数器。

1．二进制计数器

二进制加法，就是"逢二进一"。一个触发器可以表示一位二进制数，n 个触发器可以组成 n 位二进制计数器，一个 n 位二进制计数器最多可计 2^n 个数。

将触发器组成计数器，首先要将触发器连接成计数状态，即每来一个脉冲，触发器要翻转一次：$Q^{n+1} = \bar{Q}^n$。对于 JK 触发器须 $J = K = 1$，D 触发器须 $D = \bar{Q}^n$。用 JK 和 D 触发器构成的计数器如图 5-36 所示。

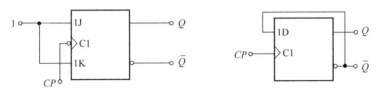

　　（a）JK 触发器构成的计数器　　　　（b）D 触发器构成的计数器

图 5-36　JK 和 D 触发器构成的计数器

（1）异步二进制计数器。

异步计数器的各触发器的时钟脉冲端不是全都连接在 CP 上，其动作有先后之分，速度比同步计数器慢，但其电路结构比同步计数器的简单。

① 异步二进制加法计数器。

图 5-37（a）是用 JK 触发器构成的三位二进制异步加法计数器的电路图（$J = K = 1$），其高位的 CP 端与其邻近低位的输出端 Q 相连。从图 5-37（b）的波形图可知，在每一个脉冲 CP 的下降沿到来时，最低位触发器 Q_0 就会翻转一次，Q_1 则在 Q_0 的下降沿翻转，Q_2 在 Q_1 的下降沿翻转。

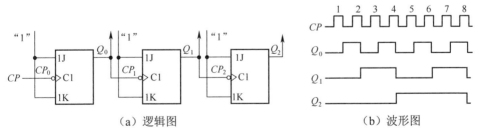

　　　　（a）逻辑图　　　　　　　　　　（b）波形图

图 5-37　三位（JK 触发器）二进制异步加法计数器（下降沿）

图 5-38（a）、（b）是用 D 触发器构成的三位二进制异步加法计数器的电路图和波形图，其高位的 CP 端与其邻近低位的输出端 $\bar{Q}$ 相连。在每一个脉冲的上升沿，最低位触发器 Q_0 就会翻转一次，Q_1 则在 $\bar{Q}_0$ 的上升沿（Q_0 的下降沿）翻转，Q_2 在 $\bar{Q}_1$ 的上升沿（Q_1 的下降沿）翻转。

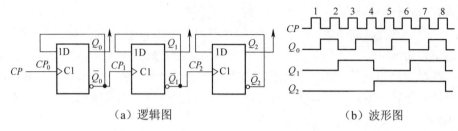

（a）逻辑图 （b）波形图

图 5-38 三位（D 触发器）二进制异步加法计数器（上升沿）

从图 5-37（b）、图 5-38（b）的波形图可知：每经过一个触发器，脉冲的周期就增加了一倍，频率减为一半，于是从 Q_0 端引出的波形为二分频，从 Q_1 端引出的波形为四分频，从 Q_2 端引出的波形为八分频，依此类推，从 Q^n 端引出的波形为 2^{n+1} 分频。因此计数器又常用作分频器，N 进制计数器实际上也就是一个"N 分频器"。

石英晶体常和分频器配合构成标准秒脉冲，广泛用于数字仪器仪表、石英钟表、电视、通信设备中。如 1969 年首度出现的石英表，它比机械表更便宜，更准确。

表 5-16 为对应的三位二进制加法计数器的状态表，最多可计 $2^n = 8$ 个数。

表 5-16 三位二进制加法计数器的状态表

计数脉冲数	二进制数			十进制数
	Q_2	Q_1	Q_0	
0	0	0	0	0
1	0	0	1	1
2	0	1	0	2
3	0	1	1	3
4	1	0	0	4
5	1	0	1	5
6	1	1	0	6
7	1	1	1	7
8	0	0	0	0

②异步二进制减法计数器。

将图 5-37 中高位 CP 端与其邻近低位的输出端 $\overline{Q}$ 相连；将图 5-38 中的高位 CP 端与其邻近低位的输出端 Q 相连，即可组成异步二进制减法计数器。三位二进制减法计数器的状态表如表 5-17 所示。

表 5-17　三位二进制减法计数器的状态表

计数脉冲数	二进制数			十进制数
	Q_2	Q_1	Q_0	
0	0	0	0	0
1	1	1	1	7
2	1	1	0	6
3	1	0	1	5
4	1	0	0	4
5	0	1	1	3
6	0	1	0	2
7	0	0	1	1
8	0	0	0	0

（2）同步二进制计数器。

所谓"同步"是各触发器的时钟端 CP 都连接在一起，即触发器的状态变换和计数脉冲同步，这是与"异步"的不同之处，同步计数器的速度比异步计数器快。

图 5-39 是用边沿 JK 触发器和门电路构成的四位二进制同步加法计数器（0000～1111）。

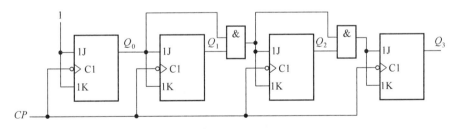

图 5-39　四位同步二进制加法计数器

74161 集成芯片是由四位 JK 触发器和一些控制门组成的四位同步二进制加法计数器。图 5-40（a）、（b）为 74161 的逻辑符号和引脚排列图。其中 $D_0 \sim D_3$ 是并行输入数据端；$Q_0 \sim Q_3$ 是计数器状态输出端；CP 是时钟脉冲端；$\overline{R}_D$ 是异步清零端；$\overline{LD}$ 是同步置数控制端；CO 是进位信号输出端；EP 和 ET 为工作状态控制端。

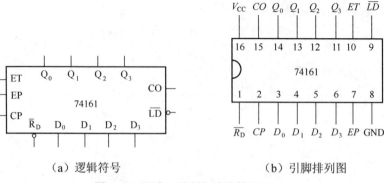

（a）逻辑符号　　　　　　　　（b）引脚排列图

图 5-40　同步二进制加法计数器 74161

74161 的逻辑功能表如表 5-18 所示。

表 5-18　74161 的逻辑功能表

CP	$\overline{R}_D$	$\overline{LD}$	EP	ET	工作状态
$\times$	0	$\times$	$\times$	$\times$	置零
$\uparrow$	1	0	$\times$	$\times$	预置数
$\times$	1	1	0	1	保持
$\times$	1	1	$\times$	0	保持（$CO = 0$）
$\uparrow$	1	1	1	1	计数

从表 5-18 可以看出，74161 具有如下功能：

① 异步清零功能。当 $\overline{R}_D = 0$ 时，计数器异步清零：即所有触发器立刻清零，计数器输出状态 $Q_3Q_2Q_1Q_0 = 0000$。

② 同步并行置数功能。当 $\overline{R}_D = 1$、$\overline{LD} = 0$ 时，在 CP 上升沿的作用下，并行输入数据 $D_3D_2D_1D_0$，使计数器的输出端状态 $Q_3Q_2Q_1Q_0 = D_3D_2D_1D_0$。

③ 保持功能。当 $\overline{R}_D = \overline{LD} = 1$ 时，若 $ET \cdot EP = 0$，则计数器将保持原来状态不变。对于进位输出信号则会有两种情况：$ET = 1$，$CO = Q_3Q_2Q_1Q_0$；若 $ET = 0$，$CO = 0$。

④ 计数功能。当 $\overline{R}_D = \overline{LD} = 1$ 时，若 $ET = EP = 1$，则在时钟脉冲 CP 上升沿的连续作用下，计数器的 $Q_3Q_2Q_1Q_0$ 状态将按 0000→0001→0010→0011→0100→0101→0110→0111→1000→1001→1010→1011→1100→1101→1110→1111→0000 的次序循环变化，完成四位二进制（十六进制）加法计数。

2. 十进制计数器

用四位二进制数代表一位十进制数，常采用 8421 码，即用 0000～1001 表示十进制的 0～9 十个数码，舍去后面的 1010～1111 六个数。当四位二进制计数器计到第九个脉冲，再来一个脉冲时，1001 变为 0000，同时向另一组十进制计数器进位，表 5-19 为十进制加法计数器的状态表。

表 5-19　十进制加法计数器状态表

计数脉冲数	二进制数				十进制数
	Q_3	Q_2	Q_1	Q_0	
0	0	0	0	0	0
1	0	0	0	1	1
2	0	0	1	0	2
3	0	0	1	1	3
4	0	1	0	0	4
5	0	1	0	1	5
6	0	1	1	0	6
7	0	1	1	1	7
8	1	0	0	0	8
9	1	0	0	1	9
10	0	0	0	0	进位

十进制加法计数器经过十个脉冲循环一次，它是一个十分频器。

同步十进制加法计数器 74160 集成芯片与 74161 的逻辑符号、引脚排列图和功能表完全相同，这里就不再重复讲述。

图 5-41 是一个具有计数、译码和显示功能的电路，广泛应用在计分和数字钟中。其中 74160 是十进制同步加法计数器。与 74161 类似，当 $\overline{R_D} = \overline{LD} = ET = EP = 1$，74160 处于计数状态，在时钟脉冲 CP 上升沿的连续作用下，计数器的 $Q_3Q_2Q_1Q_0$ 将按 0000→0001→0010→0011→0100→0101→0110→0111→1000→1001 而变化。数字显示译码器 7448，是一种与共阴极字符显示器配合使用的集成译码器，它可将 74160 输出的 4 位二进制代码 $Q_3Q_2Q_1Q_0 = 0000～1001$ 转换成显示器所需要的七个段的驱动信号，使显示器显示 0～9 的数字。与共阴极的七段数码管相连的外接电阻用来限流。

既可加又可减的计数器称之为可逆计数器，74190 就是一种可预置的同步十进制加/减计数器。在实际中常需要减法计数器，如神舟宇宙飞船等发射中的倒计时就是采用的减计数（9～0）。

3. 任意进制计数器

目前常用的计数器主要是二进制和十进制计数器，当需要任意一种进制的计数器时，一般用现有的中规模（MSI）计数器芯片的清零端或置数端，让电路跳过某些状态来获得。假设已有的芯片是 M 进制计数器，若要得到 N 进制计数器，则可能会出现 $N<M$ 与 $N>M$ 两种情况。若 $N<M$，只要一块芯片即可实现，常采用置零、置数的方法来构成 N 进制计数器；若 $N>M$，则需要多块芯片通过级联来扩大容量。下面通过举例加以简单介绍 $N<M$ 时计数器的构成。

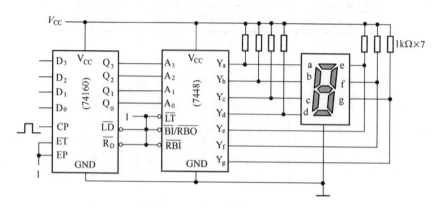

图 5-41 计数、译码与显示电路

例 5-11 试用 74161 构成一个十二进制计数器。

解：74161 是一个十六进制计数器，因它有异步清零与同步置数端，故用置零法或置数法都可构成所需进制的计数器。

（1）用置零法，即利用异步清零端 $\overline{R}_D$ 将计数器复位。

① 写出状态 S_N 的二进制代码：$S_N = S_{12} = 1100$。

② 求异步清零端（低电平有效）的逻辑表达式：

$$\overline{R}_D = \overline{Q_3^n Q_2^n}$$

③ 画连线图。根据 74161 逻辑符号和异步清零端的逻辑表达式，画出十二进制计数器的电路图如图 5-42 所示。

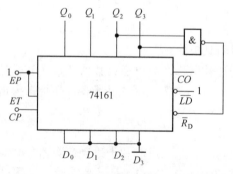

图 5-42 十二进制计数器（置零法）

在图 5-42 中，计数器从 0000 状态开始计数，当第 12 个时钟脉冲 CP 的上升沿到达时，计数器的状态为 1100，此时 $\overline{R}_D = 0$，使计数器立刻返回 0000 状态。由于 $\overline{R}_D$ 是异步清零端，1100 状态存在的时间极其短暂，故在稳定的 12 个状态循环（0000～1011）中不包括 S_N（1100）状态，从而跳过了 1100～1111 这 4 个状态。

（2）用置数法，即利用同步置数端 $\overline{LD}$ 将计数器置位。

① 写出状态 S_{N-1} 的二进制代码：$S_{N-1} = S_{11} = 1011$。

② 求同步置数控制端的逻辑表达式：

$$\overline{LD} = \overline{Q_3^n Q_1^n Q_0^n}$$

③ 画连线图。根据 74161 逻辑符号和同步置数控制端的逻辑表达式，画出十二进制计数器的电路图如图 5-43 所示。

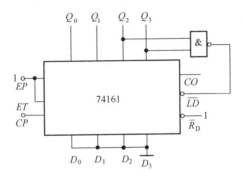

图 5-43　十二进制计数器（置数法）

在图 5-43 中，计数器的并行输入数据端 $D_3 D_2 D_1 D_0 = 0000$，故计数器从 0000 状态开始计数，当第 11 个时钟脉冲 CP 的上升沿到达时，计数器的状态为 1011，$\overline{LD} = 0$，当第 12 个时钟脉冲 CP 的上升沿到达时，计数器置数，即计数器的输出端状态等于输入数据：$Q_3 Q_2 Q_1 Q_0 = D_3 D_2 D_1 D_0 = 0000$，使计数器立刻返回到 0000，从而跳过了 1100～1111 这 4 个状态。

由于 $\overline{LD}$ 是同步置数控制端，即在 $\overline{LD} = 0$ 以后，还要等下一个 CP 信号到来时才置入数据，这时 $\overline{LD}$ 的信号已稳定，它与异步置零法的情况不同，故在稳定的 12 个状态循环（0000～1011）中包括 S_{N-1}（1011）状态。

在例 5-11 中，介绍了计数器的输出状态可以用来进行置零/置数，利用进位输出端 CO 的信号同样可构成 N 进制计数器，下面举例说明。

例 5-12　试用 74160 构成一个六进制计数器。

解：利用 74160 进位输出端 CO 的信号，置数法构成的六进制计数器如图 5-44 所示。

由图 5-44 可知，计数器的并行输入数据端 $D_3 D_2 D_1 D_0 = 0100$，故它是从 0100 状态开始计数。当第五个时钟脉冲 CP 的上升沿到达时，计数器为 1001，计数器的进位输出端 $CO = 1$，$\overline{LD} = 0$，此时计数器处于置数状态，当第六个时钟脉冲 CP 的上升沿到达时，计数器返回 0100 状态。因状态循环（0100～1001）是 6 个，故为六进制计数器。Y 为进位输出信号。

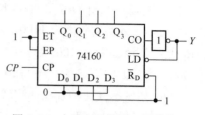

图 5-44 六进制计数器（置数法）

计数器小结：

*计数器也称为分频器，有两种构成方法，一是用触发器和门电路，二是用中规模集成计数器。用现有的二进制、十进制集成芯片可以构成任意进制计数器。

*已有的芯片是 M 进制计数器，若要得到 N 进制计数器，则可能会出现 $N < M$ 与 $N > M$ 两种情况。若 $N < M$，只要一块芯片即可实现，常采用置零、置数的方法来构成 N 进制计数器。

*根据计数器是采用异步置零/置数还是同步置零/置数的差别，其连线方式是不同的，如同步置零、置数构成 N 进制计数器的状态包括 S_{N-1} 的状态，而异步置零/置数则不包含。

5.4 应用实例

5.4.1 产品分类电路

某产品出厂前，要检查 4 个重要参数 A、B、C、D 是否在允许的误差范围之内。分别使用 4 种数字测量装置对这 4 个参数进行测量。若所测参数在允许范围内，装置输出高电平 1；若测得的参数超出了允许范围，装置输出低电平 0。图 5-46 所示的逻辑电路可以对参数 A、B、C、D 的测量结果进行分类并判别产品是否合格。

由图 5-45 的逻辑电路图可写出输出值逻辑函数表达式为

$$L_1 = \overline{\overline{\overline{ABCD}}} = ABCD$$

$$L_2 = \overline{\overline{\overline{A\overline{B}CD}}} = A\overline{B}CD$$

$$L_3 = \overline{\overline{\overline{A\overline{B}C\overline{D}}}} = A\overline{B}C\overline{D}$$

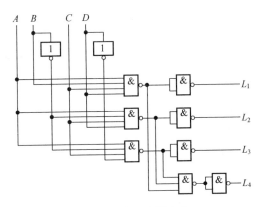

图 5-45　产品分类电路

$$L_4 = \overline{\overline{ABCD} \cdot \overline{A\overline{B}CD} \cdot \overline{A\overline{B}C\overline{D}}}$$
$$= \overline{\overline{ABCD} \cdot \overline{A\overline{B}CD} \cdot \overline{A\overline{B}C\overline{D}}}$$
$$= \overline{\overline{L_1} \cdot \overline{L_2} \cdot \overline{L_3}}$$
$$= \overline{L_1 + L_2 + L_3}$$

根据逻辑函数表达式，可写出真值表如表 5-20 所示。

表 5-20　产品分类电路真值表

检测信号				质量信号			
D	C	B	A	L_1	L_2	L_3	L_4
0	0	0	0	0	0	0	1
0	0	0	1	0	0	0	1
0	0	1	0	0	0	0	1
0	0	1	1	0	0	0	1
0	1	0	0	0	0	0	1
0	1	0	1	0	0	1	0
0	1	1	0	0	0	0	1
0	1	1	1	0	0	0	1
1	0	0	0	0	0	0	1
1	0	0	1	0	0	0	1
1	0	1	0	0	0	0	1
1	0	1	1	0	0	0	1
1	1	0	0	0	0	0	1
1	1	0	1	0	1	0	0
1	1	1	0	0	0	0	1
1	1	1	1	1	0	0	0

由真值表可以看出，当所有 4 个参数都在允许范围内时，电路的输出端 L_1 为 1。当只有 B 超出允许范围时，输出端 L_2 为 1。当只有 B 和 D 超出允许误差范围时，输出端 L_3 为 1。在所有其他情况下，输出端 L_4 为 1，说明产品是废品。

5.4.2 彩灯控制电路

图 5-46 为 3 个彩灯的控制电路，电路中输出逻辑变量 R、Y、G 分别为红、黄和绿灯的控制信号。在时钟脉冲 CP 的控制下，红灯、黄灯和绿灯依次轮流点亮，周而复始。

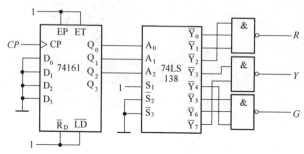

图 5-46　彩灯控制电路

控制电路由计数器 74161、译码器 74LS138 和三个与非门构成。由于 74161 输出端为 Q_2、Q_1 和 Q_0，因此实际上为八进制计数器。与非门输出分别为

$$R \equiv \overline{\overline{Y_2}\,\overline{Y_1}\,\overline{Y_0}}$$

$$Y \equiv \overline{\overline{Y_7}\,\overline{Y_3}}$$

$$G \equiv \overline{\overline{Y_6}\,\overline{Y_5}\,\overline{Y_4}}$$

当 $Q_2Q_1Q_0 = 000$ 时，译码结果为 $\overline{Y_0} = 0$，$\overline{Y_1} \sim \overline{Y_7}$ 输出为高电平 1，因此 $R = 1$，而 $Y = 0$，$G = 0$。依此类推，可画出时钟脉冲 CP 作用下的工作波形图如图 5-47 所示。

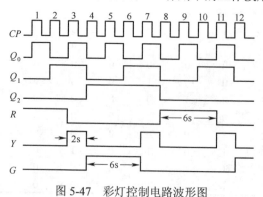

图 5-47　彩灯控制电路波形图

由图 5-47 工作波形图可看出，如果假设时钟脉冲 CP 的周期为 2s，则在 CP 作用下，计数器循环计数。在输出信号 R、Y、G 控制下，红灯、黄灯和绿灯持续点亮时间分别 6s、2s 和 6s。

5.5　辅修内容

555 定时器是一种多用途的数字－模拟混合集成电路，多用于脉冲产生、整形及定时等，在工业自动控制、仪器仪表、家用电器和电子玩具中应用广泛。

5.5.1　555 定时器的电路结构及工作原理

555 定时器的型号和种类很多，但它们的功能结构和引脚排列序号基本相同。图 5-48 是国产双极型定时器 CB555 的电路内部结构图和引脚排列图。它由三个 5kΩ 电阻组成的分压器、比较器 C_1 和 C_2、基本 RS 触发器和集电极开路的放电晶体管 VT 四部分组成。

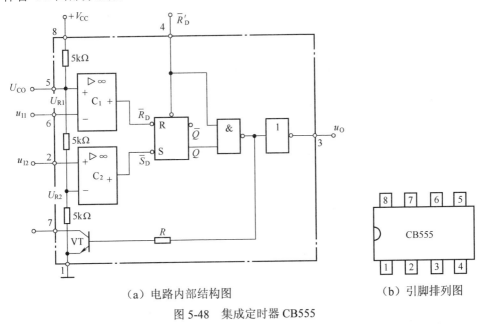

（a）电路内部结构图　　　　　　　　（b）引脚排列图

图 5-48　集成定时器 CB555

各引脚排列引线端的功能如下：

1——接地端。

2——比较器 C_2 的输入端（也称触发输入端），用 $\overline{TR}$ 标注（低电平触发端）。

3——输出端，输出电流可达 200mA，可直接驱动小型继电器和发光二极管等。

4——复位端。$\bar{R}'_D$ 为低电平 0 时，则基本 RS 触发器与 555 定时器置 0，正常工作时 $\bar{R}'_D$ 处于高电平 1。

5——控制电压输入端。当 U_{CO} 悬空时，比较器 C_1 和 C_2 的参考电压经三个 5kΩ 电阻分压给出，其中 C_1 的参考电压 $U_{R1} = \dfrac{2}{3}V_{CC}$，$C_2$ 的参考电压 $U_{R2} = \dfrac{1}{3}V_{CC}$；如果 U_{CO} 外接固定电压，则 $U_{R1} = U_{CO}$，$U_{R2} = \dfrac{1}{2}U_{CO}$。$U_{CO}$ 端不用时，一般经 0.01μF 的电容接"地"，以防止干扰的引入。

6——比较器 C_1 的输入端（也称阈值输入端），用 *TH* 标注（高电平触发端）。

7——放电端。当 $Q = 0$ 时，放电晶体管 VT 导通，外接电容元件通过 VT 进行放电。

8——电源端。$V_{CC} = 5\sim16V$。

555 定时器的主要功能取决于两个比较器输出对 RS 触发器和放电管 VT 状态的控制。

当 $u_{I1} > \dfrac{2}{3}V_{CC}$，$u_{I2} > \dfrac{1}{3}V_{CC}$ 时，比较器 C_1 输出为 0，C_2 输出为 1，基本 RS 触发器被置 0，VT 导通，u_O 输出为低电平。

当 $u_{I1} < \dfrac{2}{3}V_{CC}$，$u_{I2} < \dfrac{1}{3}V_{CC}$ 时，C_1 输出为 1，C_2 输出为 0，基本 RS 触发器被置 1，VT 截止，u_O 输出高电平。

当 $u_{I1} < \dfrac{2}{3}V_{CC}$，$u_{I2} > \dfrac{1}{3}V_{CC}$ 时，C_1 和 C_2 输出均为 1，则基本 RS 触发器的状态保持不变，因而 VT 和 u_O 的输出状态也维持不变。

由此得到 555 定时器 CB555 的功能表如表 5-21 所示。

表 5-21　555 定时器 CB555 的功能表

$\bar{R}'_D$	u_{I1}	u_{I2}	$\bar{R}_D$	$\bar{S}_D$	Q	u_O	VT
0	×	×	×	×	×	0	导通
1	$> U_{R1}$	$> U_{R2}$	0	1	0	0	导通
1	$< U_{R1}$	$< U_{R2}$	1	0	1	1	截止
1	$< U_{R1}$	$> U_{R2}$	1	1	保持	保持	保持

5.5.2　555 定时器构成的多谐振荡器

用 555 定时器可以构成施密特触发器、单稳态触发器和多谐振荡器，本小节仅介绍多谐振荡器的工作原理与应用。

将 555 定时器的 2、6 号脚连在一起，外接电容 C 至地；7 号脚与外接电阻 R
相连，即可得到多谐振荡器，如图 5-49（a）所示。

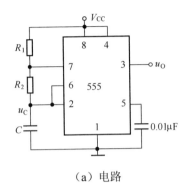

（a）电路

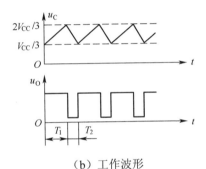

（b）工作波形

图 5-49　555 定时器构成的多谐振荡器

多谐振荡器是一种自激振荡电路，在接通电源以后，不需外加触发信号，就
可以自动输出一定频率的矩形脉冲。多谐振荡器没有稳态，它由一个暂态过渡到
另一个暂态，其"触发"信号是由电容的充、放电提供的，其振荡周期与电路的
阻容元件有关。

从多谐振荡器的输出波形图 5-49（b）可以看出，它的工作过程如下：接通
V_{CC} 后，V_{CC} 经 R_1 和 R_2 对 C 充电。当 u_C 上升到 $\frac{2}{3}V_{CC}$ 时，$u_O = 0$，而后 C 通过 R_2
和 T 放电，u_C 下降。当 u_C 下降到 $\frac{1}{3}V_{CC}$ 时，u_O 由 0 变为 1，如此重复上述过程，
在输出端 u_O 产生连续的矩形脉冲。

多谐振荡器的振荡周期为两个暂态的持续时间，即 $T = T_1 + T_2$。

通过选择合适的电阻和电容，多谐振荡器也可以产生标准的秒脉冲给计数器
的 CP 端使用，只是准确度没有前述的石英晶体振荡器的高。

图 5-50 是一液位监控报警器，555 接成多谐振荡器，一对探极跨接在电容器 C 的两端。当液面埋过探极时，由于电容器被旁路短接，无法振荡，喇叭不发声；当探极位于液面之上时，输出 u_O 产生连续的矩形脉冲使喇叭发出报警响。改变充放电时间常数 R_1、R_2 和 C，可改变喇叭振荡频率的高低。

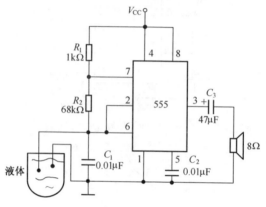

图 5-50　液位监控报警器

本章以逻辑函数的表示方法为基础，对组合逻辑器件与电路、时序逻辑器件与电路进行分析，侧重它们的实际应用。

1. 本章要点

（1）逻辑函数的表示方法有真值表、逻辑式和逻辑图，其间可以任意相互转换。化简逻辑函数的目的是为了使电路简单可靠、实现容易。

（2）组合逻辑电路由门电路组合而成，它的特点是：任一时刻的输出状态只决定于该时刻各输入状态的组合，而与电路的原状态无关，即没有"记忆"功能。

（3）组合逻辑电路的分析步骤是：根据逻辑图写出逻辑式；化简逻辑式；列出真值表；确定逻辑功能。

（4）常用的中规模（MSI）组合逻辑器件包括加法器、编码器、译码器和数据选择器等。器件的工作状态一般通过使能端控制，系统的扩展用扩展端进行。它与基本门电路（SSI）一样，也可用来实现组合逻辑电路，由于芯片个数和连线减少，电路的可靠性提高。

（5）时序逻辑电路的基本单元是触发器，它的输出信号不仅与某时刻电路的输入信号有关，还与电路过去的状态有关，电路具有"记忆"功能。常用的触发器有 RS 触发器、JK 触发器、D 触发器并且有相应的集成芯片。

（6）寄存器是一种能接收、存储和传输数据或信息的时序电路，N 位数码寄存器能存储 N 位数据。

（7）计数器可对时钟脉冲计数，具有分频、定时和数字运算等多种功能。中规模集成计数器大都为二进制和十进制计数器，但通过计数器清零或置数端的控制可以得到其他任意进制的计数器。

2. 本章主要概念和术语

真值表，逻辑式，逻辑图，逻辑代数，组合逻辑电路，加法器，编码器，译码器，数据选择器，时序逻辑电路，RS 触发器，JK 触发器，D 触发器，寄存器，计数器，分频器，同步/异步清零，同步/异步置数。

3. 本章基本要求

（1）了解逻辑代数的基本公式，并会用来化简逻辑函数。

（2）熟悉逻辑函数的三种表示方法：真值表、逻辑式、逻辑图，掌握它们之间的相互转换。

（3）重点掌握组合电路的分析方法，熟悉常用的中规模（MSI）组合逻辑器件：加法器、编码器、译码器和数据选择器的工作原理与构成组合逻辑电路的方法。

（4）熟悉 RS 触发器、JK 触发器、D 触发器和寄存器的工作原理与应用。

（5）掌握二进制与十进制计数器芯片构成任意进制计数器的方法。

 习题五

5-1　选择题

（1）逻辑运算 $F = 1 + 1 =$（　　）。

　A. 1　　　　　　　　　B. 2　　　　　　　　　C. 10

（2）逻辑函数 $F = A \cdot A =$（　　）。

　A. A^2　　　　　　　　B. 1　　　　　　　　　C. A

（3）化简逻辑函数 $F = AB + ABC + A\overline{B} =$（　　）

　A. B　　　　　　　　　B. $A\overline{B}$　　　　　　　　C. A

5-2　填空题

（1）逻辑函数的表示方法有_____。

（2）时序逻辑电路的特点是_____，与组合逻辑电路相比，它具有_____功能。

（3）在基本 RS 触发器中，$\overline{R}_D$、$\overline{S}_D$ 的作用是_____。

（4）数码寄存器的作用是_____。

（5）异步置数和同步置数的区别是_____。

（6）计数器也称为_____器，用集成计数器构成 N 进制计数器常采用_____方法。

5-3　已知真值表如表 5-22 所示，试写出逻辑式，画出逻辑图。

表 5-22　习题 5-3 的真值表

A	B	C	Y
0	0	0	0
0	0	1	0
0	1	0	0
0	1	1	0
1	0	0	0
1	0	1	1
1	1	0	1
1	1	1	0

5-4　已知逻辑式 $Y = AB + \overline{AC}$，试列出其真值表，并画出用"与非"门实现的逻辑图。

5-5　已知逻辑图如图 5-51 所示，试写出输出 F 的逻辑式并化简。

5-6　图 5-52 是一个用译码器实现的逻辑图，试写出其逻辑式，列出真值表并说明它完成了什么功能。

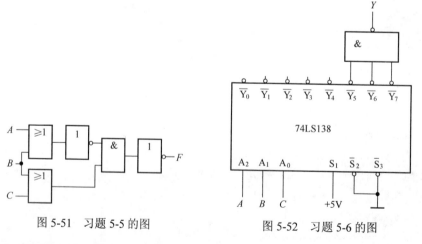

图 5-51　习题 5-5 的图　　　　图 5-52　习题 5-6 的图

5-7　在图 5-53 中，J、K、D 端悬空为"1"，指出哪个具有计数功能？为什么？

5-8　电路与 CP、A 的波形如图 5-54 所示，试写出 D 的逻辑式，画出 Q 的波形。设触发器初态为 0 态。

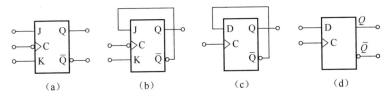

图 5-53　习题 5-7 的图

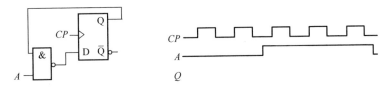

图 5-54　习题 5-8 的图

5-9　图 5-55 所示电路是由基本 RS 触发器组成的数码寄存器，试问：

（1）它是一个什么形式的寄存器？

（2）若改用 JK 触发器，应如何连接？画出电路图。

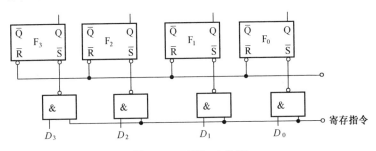

图 5-55　习题 5-9 的图

5-10　图 5-56（a）、(b) 为计数器，J、K 端悬空为 1，设初始状态 $Q_3Q_2Q_1 = 000$。试分析它们是几进制计数器？是同步计数器还是异步计数器？哪个作加法运算？哪个作减法运算？连接方式有何规律？

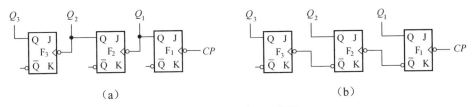

图 5-56　习题 5-10 的图

5-11　试用 74160 构成一个五进制计数器，分别画出用置零法和置数法实现的连线图。

5-12　图 5-57 为由 74160 构成的可控进制计数器，试说明当 $M=0$ 和 $M=1$，各为多少进制计数器？

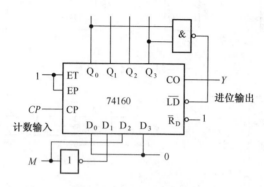

图 5-57　习题 5-12 的图

附录　基本逻辑门电路图形符号

附表 1 列出了基本逻辑门电路的国标图形符号和限定符号（GB/T 4728.12—1996）、国外流行图形符号和曾用图形符号。

附表 1　基本逻辑门电路图形符号

序号	名称	GB/T 4728.12—1996		国外流行图形符号	曾用图形符号
		限定符号	国标图形符号		
1	与门	&	&		
2	或门	≥1	≥1		+
3	非门	逻辑非入或非出	1 / 1		
4	与非门		&		
5	或非门		≥1		+
6	与或非门		& ≥1		+
7	异或门	=1	=1		⊕

部分习题答案

第一章

1-3　电流源

1-4　1.04V

1-5　（1）807Ω；（2）0.273A；（3）5.4kW·h

1-6　（1）100A；（2）240V；（3）2.2Ω；（4）1200A

1-8　（a）VD 导通，$u_o = 2.3V$；（b）VD 截止，$u_o = 3V$；
　　　（c）VD 截止，$u_o = -2V$

1-11　（a）放大；（b）放大；（c）放大；（d）饱和；（e）截止

1-13　（1）VT_1：①B，②C，③E，NPN；
　　　（2）VT_2：①E，②B，③C，PNP；
　　　（3）VT_3：①C，②E，③B，PNP

1-15　$U_o = 6V$

1-16　（a）、（b）、（d）

第二章

2-1　（1）A　$U_{AB} = -2V$，$R_{AB} = 1Ω$

2-2　（2）$U_{AB} = 1V$，$I = 5A$

2-3　$I_1 = 6A$，$I_2 = 1A$，左恒压源电源，$P_1 = 240W$，右恒压源负载作用，$P_2 = 10W$

2-4　$I_1 = -6A$　$I_2 = 0A$

2-5　$I_1 = -2A$，$I_2 = 0A$，$I_3 = -1A$

2-6　$E_1 - E_2 - E_3 = I_1R_1 + R_2I_2 - I_3R_3 - I_4R_4$

2-7　$U = 4V$，$I = 4A$

2-8　$I_1 = 0A$，$I_2 = -2A$，$I_3 = -2A$

2.9　$I = 8A$

2-10　$U_{ab} = 4V$

2-11　$U = 10V$

第三章

3-4　$\dot{I}_1 = 4\angle 30°\text{A}$，$i_1 = 4\sqrt{2}\sin(\omega t + 30°)\text{A}$，$\dot{I}_2 = 4\angle 150°\text{A}$，

$i_2 = 4\sqrt{2}\sin(\omega t + 150°)\text{A}$

3-5　$i = 10\sqrt{2}\sin(\omega t - 23.1°)\text{A}$

3-7　$\cos\varphi = 0.6$，$|Z| = 37.9\Omega$

3-8　$U_P = 220\text{V}$，$I_P = 22\text{A}$，$P = 11.6\text{kW}$

第四章

4-4　$R_B = 200\text{k}\Omega$，$R_C = 2\text{k}\Omega$

4-6　$u_o = 1.5\text{V}$

4-7　①$u_o = -1\text{V}$；②$u_o = 10\text{V}$；③$u_o = -15\text{V}$；④$u_o = 15\text{V}$

4-8　①S 闭合时，$u_o = -5\text{V}$；②S 断开时，$u_o = 1\text{V}$

4-9　$u_o = -0.5\text{V}$

4-10　（a）$u_o = 6\text{V}$；（b）$u_o = 1.5\text{V}$

4-11　$u_o = \dfrac{R_{f1}R_{f2}}{R_1 R_2}u_{i1} - \dfrac{R_{f2}}{R_3}u_{i2}$

4-12　$u_o = -\dfrac{R_{f1}}{R_1}\left(1 + \dfrac{R_{f2}}{R_3}\right)u_i$

第五章

5-4　$F = AB + \overline{A}C$ 的真值表：

A	B	C	Y
0	0	0	0
0	0	1	1
0	1	0	0
0	1	1	1
1	0	0	0
1	0	1	0
1	1	0	1
1	1	1	1

$$F = AB + \overline{A}C = \overline{\overline{AB + \overline{A}C}} = \overline{\overline{AB}\ \overline{\overline{A}C}}$$

逻辑图略

5-5　　$F = A + B + \overline{C}$

5-6　　$Y = \overline{\overline{Y_5}\ \overline{Y_6}\ \overline{Y_7}} = A\overline{B}C + AB\overline{C} + ABC$　　这是一个多数人同意的表决电路。

5-8

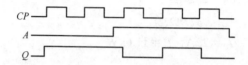

5-9　　（1）并行输入、并行输出的数码寄存器；（2）略

5-10　　（a）3 位异步二进制加法计数器　　（b）3 位异步二进制减法计数器

5-12　　$M = 0$，$0010 \sim 1001$，八进制；$M = 1$，$0100 \sim 1000$，六进制

参考文献

[1] 李飞，刘曼玲，姜霞. 电工学. 长沙：中南大学出版社，2010.

[2] 罗桂娥，宋学瑞等. 模拟电子技术实用教程. 武汉：华中科技大学出版社，2009.

[3] 覃爱娜，陈明义，陈里. 数字电子技术实用教程. 武汉：华中科技大学出版社，2009.

[4] 邹逢兴，丁文霞. 电工电子技术教程. 北京：电子工业出版社，2011.

[5] 李中华，邹津海. 电工电子技术基础（第二版）. 北京：中国水利水电出版社，2011.

[6] 陶彩霞，田莉. 电工与电子技术. 北京：清华大学出版社，2011.

[7] 李守成，李国国等. 电工电子技术（第二版）. 成都：西南交通大学出版社，2009.

[8] 魏佩瑜. 电工学（电工技术）. 北京：机械工业出版社，2007.

[9] 唐介. 电工学（少学时）（第三版）. 北京：高等教育出版社，2009.

[10] 秦曾煌. 电工学（上、下册）（第六版）. 北京：高等教育出版社，2006.

[11] 阎石. 数字电子技术基础（第五版）. 北京：高等教育出版社，2006.

[12] 余孟尝. 数字电子技术基础简明教程（第三版）. 北京：高等教育出版社，2007.

[13] 杨素行. 模拟电子技术基础简明教程（第三版）. 北京：高等教育出版社，2006.

[14] 童诗白，华成英. 模拟电子技术基础（第四版）. 北京：高等教育出版社，2006.

[15] 张庆双. 电子技术：基础·技能·线路实例. 北京：科学出版社，2006.

[16] 雷银照. 我国供用电频率 50Hz 的起源. 电工技术学报. 2010，25（3）.

[17] 曾南超. 高压直流输电在我国电网发展中的作用. 高电压技术. 2004，30（11）.